U0893602

一句话解读人生态度

夏梓郡◎编著

沈阳出版发行集团

沈阳出版社

图书在版编目（CIP）数据

一句话解读人生态度 / 夏梓郡编著. -- 沈阳 : 沈阳出版社, 2025. 7. -- ISBN 978-7-5716-5176-3

Ⅰ. B821-49

中国国家版本馆 CIP 数据核字第 20257KL338 号

出版发行：沈阳出版发行集团|沈阳出版社
（地址：沈阳市沈河区南翰林路 10 号　邮编：110011）
网　　址：http://www.sycbs.com
印　　刷：三河市兴达印务有限公司
幅面尺寸：170mm × 240mm
印　　张：11.5
字　　数：135 千字
出版时间：2025 年 7 月第 1 版
印刷时间：2025 年 7 月第 1 次印刷
责任编辑：王冬梅
封面设计：鲍乾昊
版式设计：雷　虎
责任校对：张　磊
责任监印：杨　旭

书　　号：ISBN 978-7-5716-5176-3
定　　价：59.80 元

联系电话：024-24112447
E-mail：sy24112447@163.com

本书若有印装质量问题，影响阅读，请与出版社联系调换。

目录

CONTENTS

快乐是一种情感体验

- 无论年华已逝，依然保持童心的纯真，你就永远年轻快乐。

——佚名

- 时光清浅，岁月安然。在这悠悠岁月里，快乐是最美的旋律。

——佚名

- 最深最平和的快乐，就是静观天地与人世，慢慢品味出它的美与和谐。

—— 三毛

名人轶事集

查理·卓别林，默片时代的喜剧大师，以其独特的表演风格和深入人心的角色形象，给全球观众带来了无数的欢笑。

卓别林以其标志性的小胡子、礼帽、手杖和特大号鞋子，创造了一系列经典的喜剧角色，如“流浪汉”等。这些角色不仅以滑稽的动作和夸张的表情逗乐了观众，更通过幽默的方式揭示了社会的不公和人性的弱点，让观众在笑声中反思生活。

卓别林曾经说过：“我们必须学会再次像一个孩子那样，笑得天真无邪，笑得忘乎所以。只有当我们真正懂得去欣赏生活的美好，去珍惜每一个瞬间，我们才能真正找到快乐。”这句话不仅反映了他对快乐的理解，也体现了他一生都在追求和实践的快乐哲学。

卓别林的故事告诉我们，快乐并非遥不可及，它就在我们的内心深处，等待我们去发现和珍惜。只要我们保持一颗乐观向上的心，用笑容和欢乐去面对生活，我们就能找到属于自己的快乐源泉。

心悟践行录

- 每天寻找并记录至少一件让你感到快乐的小事，无论是早晨的第一缕阳光、一杯香浓的咖啡，还是与朋友的温馨对话。
- 试着把家里不用的东西整理起来，清洁一下长期未打扫的角落，把所有物件摆放整齐。
- 闲暇时，约上好友结伴出游，欣赏不同的风景，大自然的美景、声音和空气会让你心旷神怡。
- 进行适度的身体运动，如跑步、打球、散步、练瑜伽等，释放身体里的内啡肽，调动积极的情绪。

- 生活得最有意义的人，并不就是年岁活得最大的人，而是对生活最有感受的人。

——卢梭

- 真正的快乐，不是狂喜，亦不是苦痛，在我很主观地来说，它是细水长流，碧海无波，在芸芸众生里做一个普通的人，享受生命一刹间的喜悦，那么我们即使不死，也在天堂里了。

——三毛

- 人生最大的快乐不在于占有什么，而在于追求什么的过程。

——罗伯特・威廉・本生

情绪悦读坊

从百草园到三味书屋

鲁迅

我家的后面有一个很大的园，相传叫作百草园。现在是早已并屋子一起卖给朱文公的子孙了，连那最末次的相见也已经隔了七八年，其中似乎确凿只有一些野草；但那时却是我的乐园。

不必说碧绿的菜畦，光滑的石井栏，高大的皂荚树，紫红的桑椹；也不必说鸣蝉在树叶里长吟，肥胖的黄蜂伏在菜花上，轻捷的叫天子（云雀）忽然从草间直窜向云霄里去了。单是周围的短短的泥墙根一带，就有无限趣味。油蛉在这里低唱，蟋蟀们在这里弹琴。翻开断砖来，有时会遇见蜈蚣；还有斑蝥，倘若用手指按住它的脊梁，便会拍的一声，从后窍喷出一阵烟雾。何首乌藤和木莲藤缠络着，木莲有莲房一般的果实，何首乌有臃肿的根。有人说，何首乌根是有像人形的，吃了便可以成仙，我于是常常拔它起来，牵连不断地拔起来，也曾因此弄坏了泥墙，却从来没有见过有一块根像人样。如果不怕刺，还可以摘到覆盆子，像小珊瑚珠攒成的小球，又酸又甜，色味都比桑椹要好得远。

幸福是一种源自内心的满足

- 我们总是为了太多遥不可及的东西去奔命，却忘了人生真正的幸福，不过就是灯火阑珊的温暖和柴米油盐的充实。

——杨绛

- 没关系，只要活着，就要让自己幸福。

——朱德庸

- 在平静中感知细碎的幸福和欢愉，在真切活着的时刻，去缓慢走向下一次的生长。

——佚名

- 家人闲坐，灯火可亲。

——汪曾祺

名人轶事集

米列娃·玛丽克，是阿尔伯特·爱因斯坦的伴侣。两人因物理学结缘，共同走过了充满挑战的婚姻生活。

米列娃不仅是爱因斯坦的生活伴侣，更是他学术上的得力助手。她默默支持丈夫，整理笔记、校对论文，甚至激发他的科研灵感。尽管外界常忽视她的贡献，米列娃却从未抱怨，她坚信与爱人共同追求真理，就是最大的幸福。

在米列娃看来，幸福并非物质的富足或个人的荣耀，而是与爱人携手共进、相互扶持，共同探索未知的世界。面对生活的艰辛，她保持乐观，坚信内心的热爱和理想能战胜一切。在逆境中，她与爱因斯坦相互依靠，共同坚守着对科学的信仰和对生活的热爱。

米列娃的故事告诉我们，真正的幸福源自内心的满足和对生活的珍视。它需要我们用心去感受，去珍惜与所爱之人共同经历的每一个美好瞬间。米列娃与爱因斯坦的爱情，是对幸福真谛的深刻诠释，也是对坚韧不拔精神的最好证明。

心悟践行录

· 记录感恩日记，每天写下至少三件让你感到感激的事情，这不仅能提升你的积极情绪，还能帮助你更加关注生活中的美好，从而增加幸福感。

· 沉浸于你热爱的活动中，无论是挥毫泼墨的绘画、沉浸书海的阅读、笔下生花的写作，还是聆听悠扬旋律的音乐欣赏，这些都能触动你的心灵，唤醒内在的幸福感。

· 设立并追求个人目标，实现目标的过程本身就是一种成就感和幸福感的来源。

- 幸福不是从天上掉下来的，而是从自己心里长出来的。你有爱自己、爱生活的能力，幸福自会到来。

——毕淑敏

- 幸福的秘诀是：让你的兴趣尽量地扩大，让你对人对物的反应，尽量地倾向于友善。

——罗素

- 生活中最大的幸福是坚信有人爱我们。

——雨果

- 当知足凌驾于自卑之上，幸福将贯穿一生。

——佚名

情绪悦读坊

面朝大海，春暖花开

海子

从明天起，做一个幸福的人
喂马、劈柴，周游世界
从明天起，关心粮食和蔬菜
我有一所房子，面朝大海，春暖花开
从明天起，和每一个亲人通信
告诉他们，我的幸福
那幸福的闪电告诉我的
我将告诉每一个人
给每一条河每一座山取一个温暖的名字
陌生人，我也为你祝福
愿你有一个灿烂的前程
愿你有情人终成眷属
愿你在尘世获得幸福
我只愿面朝大海，春暖花开

满足是一种内心深处的平和

- 宁静，轻松，心中饱满得欲要盛放，脚步轻盈得快要起飞。

——李娟

- 人生短短数十载，最要紧的是满足自己，不是讨好他人。

——亦舒

- 不知足是向上的阶梯，但过度的不知足会让人迷失方向。

——佚名

- 那么自由，没有忧虑，我的生命值得这般时刻。

——托马斯·伯恩哈德

名人轶事集

明朝时期，金溪县有一位名叫胡九韶的普通人，他的家境贫寒，生活仅能维持温饱。然而，他每天黄昏时分都会到门口焚香，向天九拜，感谢上天赐予他一天的清福。

妻子对他的举动感到不解，问道："我们一天三餐都是菜粥，哪里有什么清福可言？"胡九韶却微笑着回答："我庆幸自己生活在太平盛

世，没有战争的纷扰和灾难的侵袭。我庆幸全家人都能有饭吃、有衣穿，不至于挨饿受冻。我还庆幸家里没有病人需要照顾，也没有亲人被关在监狱里。这些难道不是上天赐予的清福吗？”

胡九韶的故事告诉我们，满足并不完全取决于物质条件的丰裕与否，而更多地取决于我们的心态和对生活的态度。即使生活在贫困之中，只要我们能知足常乐，珍惜眼前所拥有的，感恩生活中的每一个美好瞬间，就能找到属于自己的幸福和满足。

心悟践行录

- 参观博物馆或者画廊，欣赏艺术作品，提升审美水平。艺术能够激发人的灵感和创造力，带来精神上的愉悦和满足。
- 勇于走出舒适区，尝试新事物，挑战自己的极限，不断学习新知识、新技能，这样不仅可以提升自己的能力，还能带来内心的充实。

- 满足的秘诀，在于知道如何享受自己所有的，并能除去自己能力之外的物欲。

——林语堂

- 如愿便是满足，满足即是幸福。

——梁实秋

- 衡量幸福的标准就是衡量一个人对庸常的日子爱的方式、爱的部位。

——余秀华

- 真正的满足，是从接受自己开始。

——佚名

情绪悦读坊

鱼化石

卞之琳

我要有你的怀抱的形状，
我往往溶于水的线条。
你真像镜子一样的爱我呢，
你我都远了乃有了鱼化石。

悲伤是一座沉重的大山

- 悲伤是一种消耗性的情绪，它让我们在回忆中徘徊，无法向前看。

——佚名

- 如果此时，你忍不住想迎风落泪，请不要忘记，秋风凉，白露降，万物都有欲言又止的悲伤。

——佚名

- 我从生下来就知道，人生只有现在，悲伤会延续到永远，泪水却每一次都是新的。

——谷川俊太郎

- 我时常悲伤地去做一件快乐的事，悲伤是重量，我怎样也轻不起来。

——木心

名人轶事集

宋代女词人李清照，以其细腻的笔触和深情的词作闻名于世。然而，她的一生也充满了坎坷与悲伤。

李清照原本生活在北方，与丈夫赵明诚共同致力于金石书画的收藏与研究。然而，随着金兵南侵，北宋灭亡，夫妻二人不得不南渡逃难。

南渡之后，李清照与赵明诚的生活发生了翻天覆地的变化。他们不仅要面对物质上的匮乏，还要承受精神上的巨大压力。赵明诚在逃难中不幸去世，这给了李清照沉重的打击。

在丈夫去世后，李清照独自一人在南方漂泊，生活无依无靠。她的词作中充满了对丈夫的思念和对往昔生活的追忆，同时也流露出对现实生活的无奈和哀愁。例如，在《声声慢》一词中，她写道："寻寻觅觅，冷冷清清，凄凄惨惨戚戚。乍暖还寒时候，最难将息。"

李清照的故事和词作，不仅反映了宋代社会的动荡和人民的苦难，也展现了女性在面对困境时的坚韧与不屈。她的词作成为后世传诵的佳话，激励着人们珍惜眼前的幸福，同时也提醒着人们要勇敢面对生活中的挑战和困难。

心悟践行录

- 当感到悲伤时，不要压抑自己的情绪。寻找一个可以信任的人倾诉，将内心的痛苦和压抑说出来，有助于减轻心理负担。
- 投入时间到自己喜欢的活动中，如阅读、绘画、烹饪、旅行等。这些活动能够转移你的注意力，让你从悲伤中暂时抽离出来。
- 对自己温柔一些，不要过于苛责。每天对自己说一些正面肯定的话语，如"我值得被爱""我有能力克服困难"等。

- 如果怀着愉快的心情谈起悲伤的事情，悲伤就会烟消云散。

——佚名

- 忧愁、顾虑和悲观，可以使人得病；积极、愉快、坚强的意志和乐观的情绪，可以使人强壮和长寿。

——佚名

- 不要为已消尽之年华叹息，必须正视匆匆溜走的时光。

——布莱希特

情绪悦读坊

偶然

徐志摩

我是天空里的一片云，
偶尔投影在你的波心——
你不必讶异，
更无须欢喜——
在转瞬间消灭了踪影。

你我相逢在黑夜的海上，
你有你的，我有我的，方向；
你记得也好，
最好你忘掉，
在这交会时互放的光亮！

失落是一片片乌云

- 人生就像一场舞会，教会你最初舞步的人却未必能陪你走到散场。

——佚名

- 在这个世界上，所有真性情的人，想法总是与众不同。

——沈从文

- 有时候，失望到一定程度后，反而会开出一朵花来，那朵花的名字叫，无所谓。

——佚名

- 很多人的失落，是违背了自己少年时的立志。

——木心

名人轶事集

在亚伯拉罕·林肯被公认为美国历史上伟大总统之前，他经历了漫长而充满失落的岁月。

林肯出生在一个贫困的农民家庭，早年丧母，仅受过四个月的小学教育。年轻时多次创业失败，背负了沉重的债务。在政治生涯的初期，他也遭遇了诸多挫折，多次参选议员和州长均告失败，但他从未放弃对政治理想的追求。面对失败，林肯总是以乐观的态度去接受。

1860年，林肯终于赢得了总统大选，但迎接他的却是美国历史上最为动荡的时期之一——南北战争。战争初期，北方联军屡战屡败，林肯承受着巨大的压力和指责。然而，他并没有因此气馁，而是坚定地领导国家度过了这段艰难时期。林肯曾说："我走得很慢，但我从不后退。"

在林肯的领导下，北方联军最终取得了胜利，废除了奴隶制度，维护了国家的统一。然而，1865年4月14日，林肯在华盛顿福特剧院观看歌剧时被刺客暗杀，年仅56岁。

林肯的一生充满了失落与挫折，但他从未放弃对理想的追求和对国家的忠诚。林肯的故事告诉我们，即使面对再大的困难和失落，只要保持坚韧不拔的精神和坚定的信念，就有可能创造出属于自己的辉煌成就。

心悟践行录

- 掌握一些放松身心的技巧，如渐进性肌肉松弛、引导式想象或深度呼吸。这些技巧可以帮助你在感到失落时迅速平静下来。
- 每天记录自己的情绪变化，包括触发失落感的情境、当时的感受和随后的反应。这有助于你识别并理解自己的情绪模式，从而更有效地进行调节。
- 多与积极向上、乐观开朗的人建立联系，学习他们对待生活的态度，帮助自己走出失落。

- 面对失落，我们要做的不是逃避或抱怨，而是要积极寻找解决之道，从中汲取力量和智慧。

——史蒂芬·柯维

- 人生没有彩排，每天都是现场直播。即使再失落，也要优雅地谢幕，感谢自己的认真付出。

——佚名

- 从此感到成人的寂寞，更喜欢梦中道路的迷离。

——佚名

情绪悦读坊

这也是一切

——答一位青年朋友的《一切》

舒婷

不是一切大树，都被暴风折断；
不是一切种子，都找不到生根的土壤；
不是一切真情，都流失在人心的沙漠里；
不是一切梦想，都甘愿被折掉翅膀。

不，不是一切
都像你说的那样！

不是一切火焰，都只燃烧自己
而不把别人照亮；
不是一切星星，都仅指示黑暗
而不报告曙光；
不是一切歌声，都掠过耳旁
而不留在心上。

不，不是一切
都像你说的那样！

不是一切呼吁都没有回响；

不是一切损失都无法补偿；
不是一切深渊都是灭亡；
不是一切灭亡都覆盖在弱者头上；
不是一切心灵
都可以踩在脚下，烂在泥里；
不是一切后果
都是眼泪血印，而不展现欢容。

一切的现在都孕育着未来，
未来的一切都生长于它的昨天。
希望，而且为它斗争，
请把这一切放在你的肩上。

伤心是一缕剪不断的丝线

- 心如槁木不如多愁多感，迷蒙的醒不如热烈的梦，一口苦水胜于一盏白汤，一场痛哭胜于哀乐两忘。

——叶圣陶

- 在春雨的绵绵里，我的忧伤，像雨里的乱草缠绵在一起。忧伤的雨就下在我的眼中。

——林清玄

- 我是馊掉的橙子汁和浓汤，我是爬满虫卵的玫瑰和百合，我是一个灯火流丽的都市里明明存在，却没有人看得到也没有人需要的北极星。

——林奕含

- 我走过千山万水，心却疲惫不堪，泪已无言。

——佚名

名人轶事集

在楚汉相争的末期，项羽被刘邦的军队围困在垓下。此时，项羽的军队已经疲惫不堪，士气低落。而刘邦则利用四面楚歌的战术，让项羽的士兵听到家乡的歌声，以为楚地已被汉军占领，从而丧失了斗志。

项羽在得知这一消息后，深知自己已经陷入了绝境。他率领剩余的士兵突围，但最终只带着少数人逃到了乌江畔。此时，乌江亭长劝项羽渡江逃生，以图东山再起。然而，项羽却拒绝了这一建议，他说：“天之亡我，我何渡为！且籍与江东子弟八千人渡江而西，今无一人还，纵江东父兄怜而王我，我何面目见之？纵彼不言，籍独不愧于心乎？”说完，项羽便拔剑自刎而死。

项羽的悲壮自刎，不仅表现了他宁死不屈的英雄气概，也让人感受到了他内心的伤痛与绝望。同时，这个故事也告诉人们，在面对困难和挫折时，要有坚定的信念和勇气。

心悟践行录

· 允许自己感受伤心，不要逃避或压抑，有时候大哭一场也未尝不可，给予自己时间和空间去体验和接纳这种情绪。

· 保持生活的节奏，通过散步、运动、阅读或与朋友相聚等活动，转移注意力，减少沉浸在伤心情绪中的时间。

· 通过绘画、音乐、写作等艺术形式来表达内心的情感。艺术创作不仅有助于情绪的宣泄，还能让人在创作过程中找到平静。

· 阅读一些励志书籍、观看激励人心的演讲或视频，激发自身内在的动力和勇气。

- 伤心是生活的调味剂，但过度沉浸只会让味道变得苦涩。用理智和自律控制情绪，走向更美好的未来。

  ——佚名

- 我若遇到令我忧虑的事，就把与他有关的一切都从脑中除去，并全神贯注于工作之上。

  ——戴尔·卡耐基

- 谁要是能够把悲哀一笑置之，悲哀也会减弱它的咬人的力量。

——莎士比亚

情绪悦读坊

请别哭泣

席慕蓉

我已无诗，
世间也再无飞花、无细雨，
尘封的四季啊，
请别哭泣。
万般 万般的无奈，
爱的余烬已熄，
重回人间，
猛然醒觉那千条百条，
都是，已知的路，
已了然的轨迹。

跟着人群走下去吧，
就这样微笑地走到尽头，
我柔弱的心啊，
请试着去忘记，
请千万千万，
别再哭泣。

焦虑是一种毒药

- 我是不能被照亮的光室，我的焦虑是荒山上的一束火花，我的爱是一座绿色灯塔。

——阿多尼斯

- 心中的阴霾，如同冬日里厚重的雾霭，遮蔽了前行的道路，让人在迷茫中徘徊，忘却了春日的温暖与希望。

——佚名

- 焦虑是一种腐蚀性的情绪，它会削弱我们的决心，模糊我们的视野，并让我们无法清晰地思考。

——约翰·麦克斯韦尔

名人轶事集

海伦·凯勒，自幼便遭受了失明、失聪和失语的多重打击。这些极端的生理障碍，无疑给她带来了巨大的心理焦虑和恐惧。然而，海伦并没有被这些困难所击垮，反而以惊人的毅力和智慧，克服了内心的焦虑。

在海伦的早年生活中，她面临着与外界沟通的巨大障碍。她不知道如何通过语言来表达自己，这让她感到极度的不安和焦虑。然而，当她的老师安妮·莎莉文来到她的身边时，一切都发生了改变。莎莉文老师耐心地教导海伦学习盲文，让她逐渐找到了与外界沟通的桥梁。

海伦曾有一句名言："面对光明，阴影就在我们身后。"这句话不仅表达了她对光明的向往，更深刻地反映了她对待焦虑和恐惧的态度。她认为，只要我们勇敢地面对困难，焦虑和恐惧就会像阴影一样，被我们甩在身后。

海伦·凯勒用自己的经历证明，即使在最黑暗的时刻，只要我们能够勇敢地面对内心的焦虑和恐惧，就能够找到通往光明的道路。

心悟践行录

- 经常与宠物玩耍可以显著降低焦虑水平，宠物的陪伴对于缓解焦虑非常有效。

- 不同颜色对人的情绪有不同的影响。例如，蓝色通常被认为具有镇静作用，而黄色则能提升心情，可以尝试在日常生活中使用这些颜色的装饰品。
- 学习一些简单的自我按摩技巧，通过按摩身体的某些穴位或区域，如太阳穴、颈部或肩部，可以缓解紧张和焦虑。
- 尝试一些户外冒险活动，如徒步旅行、攀岩或皮划艇等，通过这些活动减轻焦虑情绪。
- 将瑜伽动作和芳香疗法结合。在练习瑜伽的同时，使用香薰或精油来增加放松效果。

- 当心灵的风暴来袭，让我们以宁静为舟，以勇气为帆，穿越波涛，迎接那无垠的晴空。

——佚名

- 如果想征服生命中的焦虑，活在当下，活在每一个呼吸里。

——马特·海格

- 你若烦恼不断，请用希望来治疗；人类最大的幸福就是希望在抱。

——雪莱

情绪悦读坊

假如生活欺骗了你

普希金

假如生活欺骗了你，
不要悲伤，不要心急！
忧郁的日子里须要镇静：
相信吧，快乐的日子将会来临！

心儿永远向往着未来；
现在却常是忧郁。
一切都是瞬息，一切都将会过去；
而那过去了的，就会成为亲切的怀恋。

紧张是一个蓄势待发的弹簧

- 紧张不是强大，只是懦弱的一件涂着迷彩的旧风衣。

——毕淑敏

- 紧张的情绪就像弹簧，你越压制它，它反弹得就越厉害。

——佚名

- 紧张的人说话时的体现不是忘记内容，而是忘记过渡，全然不知道自己在说什么，两句毫无因果关系的句子居然能用“所以”串起来。

——佚名

名人轶事集

温斯顿·丘吉尔，曾经是英国历史上杰出的政治家、军事家、作家及演说家，而他早年时期却常因演讲紧张而脸色发白、四肢颤抖，甚至有一次被听众轰下台。

丘吉尔深知他的紧张源于对失败的恐惧，于是开始了艰苦的练习，不断在镜子前模拟演讲，调整表达，并邀请亲友提供反馈。丘吉尔曾说过：“成功并非永久，失败也非致命，最重要的是勇气。”

经过不懈努力，丘吉尔的演讲技巧大幅提升，最终成为备受尊敬的演说家，其风格独特有力，深受听众喜爱，不仅鼓舞了英国人民的士气，也为他赢得了广泛的政治赞誉。

丘吉尔以他的坚持和勇气，为我们树立了面对挑战时不屈不挠、永不放弃的榜样。他的经历证明，即使是最伟大的演说家，也需要经历成长的磨砺，方能成就辉煌。

心悟践行录

- 逐渐将自己置于可能引发紧张的场景中，从小范围、低强度开始，逐步增加难度，给自己正面的心理暗示，比如“我可以做到”“我能够应对”，增强自信心，减少紧张情绪。
- 针对可能引发紧张的具体情境，提前制定应对计划，明确自己的行动步骤，增加应对的信心和准备。
- 定期进行自我反思，回顾自己在应对紧张情绪方面的表现。思考哪些方法有效，哪些需要改进，根据实际情况调整策略。

- 紧张情绪是内心的风暴，但我们可以通过冥想和深呼吸来平息它。

——阿尔伯特·埃利斯

- 克服紧张，不是逃避或压抑，而是面对、接受并转化它。

——卡尔·荣格

- 人若神经紧张，说东道西，就会犹豫不定，反把事情耽误了。耽误的结果是叫人丧志乞怜，寸步难移。

——莎士比亚

情绪悦读坊

《坐在你身边看云》（节选）

费尔南多·佩索阿

当我和你一起穿过田野来到河畔
我看到的河流更美丽；
坐在你身边看云
我看得更清楚。
你不曾把自然从我这里带走，
你不曾改变自然对我的意义，
你使自然离我更近了。
因为你的存在，我看见它更美好，但它是同一个自然，
因为你爱我，我同样爱它，但我更爱它，
因为你选择了我，让我拥有你爱你，
我的眼睛在凝视万物时停留得更久。
我不为以前的我而后悔
因为我还是同一个人。
我只遗憾以前不曾爱你。
把你的手放在我手里
让我们保持安静，被生活环绕。

担忧是一袭薄雾

- 一切顽固沉重的忧悒和焦虑，足以给各种疾病大开方便之门。

——巴甫洛夫

- 不要害怕你的生命会结束，而要害怕它从未开始。

—— 卢修斯·安乃乌斯·塞内加

- 你担心什么，什么就控制你。

——佚名

名人轶事集

西奥多·罗斯福，美国历史上著名的总统之一，以其坚定的信念和果敢的决策著称。

在一次演讲中，罗斯福提到了自己的“无所畏惧”与“有所畏惧”。他说：“我无所畏惧的是，我深知自己肩负的责任，并愿意为此付出一切。然而，我也有所畏惧，我害怕的是，当国家面临危机时，我无法挺身而出，无法带领人民走出困境。”

这种担忧并非源于罗斯福的软弱或缺乏自信，而是源于他对国家和人民的深切关怀。他深知，作为国家的领导者，自己的每一个决策都可能影响到无数人的命运。因此，他时刻保持着警惕和忧虑，以确保自己能够做出最正确的选择。

罗斯福的故事告诉我们，担忧并不总是负面的情绪。在适当的情境下，它可以激发我们的责任感和使命感，促使我们更加努力地工作和奋斗。同时，它也提醒我们，在面对困难和挑战时，我们不能盲目乐观或逃避现实，而是要勇敢地面对并寻求解决问题的方法。

心悟践行录

- 投身于你喜欢的活动中，如阅读、绘画、音乐、运动等，转移你的注意力，还能给你带来快乐和满足感。
- 保持对周围世界的好奇心，对新事物保持开放的态度。担忧往往源于对未知的恐惧，而好奇心和开放性可以帮助你探索未知，减少恐惧感。
- 设定一个“担忧时段”，每天安排一个固定的时间来处理心里担忧的事情，写写日记或者和好朋友倾诉。其他时间则专注于别的任务，避免过度思考未来。

- 人生就像一场旅行，不必为行李太重而担忧，要学会轻装上阵。

——佚名

- 你所担忧的事情，并未真正发生，而仅存在于你的想象之中。

——马可·奥勒留

- 当我回顾所有的烦恼时，想起一位老人的故事，他临终前说：“一生中烦恼太多，大部分担忧的事却从未发生过。”

——丘吉尔

情绪悦读坊

雪夜林边驻马

罗伯特·弗罗斯特

我知道谁是这林子的主人。
尽管他的屋子远在村中；
他也看不见我在此逗留，
凝视这积满白雪的树林。
我的小马想必感到奇怪：
为何停在树林和冰封的湖边，
附近既看不到一间农舍，
又在一年中最黑暗的夜晚。
它轻轻地摇了一下佩铃，
探询是否出了什么差错。
林中毫无回响一片寂静。
只有微风习习雪花飘落。
这树林多么可爱、幽深，
但我必须履行我的诺言，
睡觉前还有许多路要走啊，
睡觉前还有许多路要赶。

愤怒是一个牢笼

- 用愤怒来回应愤怒，得到的只能是愤怒。

——威廉·詹姆斯

- 愤怒是一种昂贵的奢侈品，只有有相当收入的人才可随意享用。

——乔·柯蒂斯

- 压抑的愤怒如同火山下的熔岩，终有一天会喷涌而出。

——佚名

名人轶事集

伽利略·伽利莱是意大利文艺复兴时期的一位著名科学家。他因坚持日心说，即认为太阳是宇宙的中心而非地球，与当时的罗马教会产生了严重冲突。伽利略的日心说挑战了教会的权威，因此他遭到了教会的迫害。

面对教会的压迫和威胁，伽利略并没有屈服。他坚持自己的观点，并通过科学实验和观测来支持日心说。然而，这并没有改变教会对他的态度。最终，伽利略被教会判处终身监禁，并被迫放弃自己的观点。

尽管遭受了如此严重的迫害，但伽利略并没有让愤怒将自己拖入绝望或报复的深渊。他说："你不能教会一个人什么，你只能帮助他找到自己内心的老师。”这句话体现了他对于知识和真理的执着追求，他的愤怒，正是在这种追求和理解的推动下，转化为了对科学的无尽热爱和不懈探索。

这个故事不仅展示了伽利略作为科学家的坚韧和勇气，也揭示了愤怒情绪在特定情境下可以转化为积极的力量。在面对不公和压迫时，人们可以选择将愤怒转化为推动自己前进的动力。

心悟践行录

- 每天记录自己的情绪变化，特别是愤怒情绪的出现和消退过程。这有助于你更清晰地认识到自己的愤怒模式，并找到应对愤怒的有效方法。
- 找到一种适合你的情绪释放途径，比如写作、绘画、音乐或者体育活动。这些活动能够帮助你表达内心的愤怒情绪，从而减轻心理负担。

- 生气的时候，开口前先数到十，如果非常愤怒，先数到一百。

  ——杰斐逊

- 人人都会发怒——那是轻而易举的事，不过，发怒要找合适的对象，要恰如其分，要在恰当的时间，目的、方式也合适，这就不容易了。

  ——亚里士多德

- 寻求报复的人使创痕常新，如果不是这样，那么创痕早就痊愈了。

  ——弗朗西斯·培根

- 愤怒之际，深呼吸三次，让心情平复，理智自然回归。

  ——佚名

- 愤怒如同黑夜，唯有理解和宽容之光才能照亮前行的路。

  ——佚名

情绪悦读坊

《无声的愤怒》（节选）

阿尔贝·加缪

正值隆冬季节，但在活跃的城市上空一轮明晃晃的太阳却冉冉升起。在长堤顶端，海天一色，光华璀璨。但依瓦尔却视而不见。他顺着港口上端的林荫大道，费力地骑着自行车。在固定的脚踏板上，他搁着那条残疾的腿，自然是并不动弹；另一条腿却使足了劲儿，驱车登上还浸着露水的石板路。他头也不抬，在坐垫上显得很细瘦，竭力避开已经废了的有轨电车轨道，又猛一捏闸躲开想超前的汽车。他还不时推开一点儿腰间的挎包，费尔嫩德早晨已将午餐盒放入。两片粗制面包，今天只夹了奶酪，而不是他爱吃的西班牙式煎蛋或油炸牛排。

去工场的路从未显得如此漫长。他也老了。四十啦，虽然仍然骨瘦如柴，肌肉回缓却慢了。有时见报载体育新闻称三十岁的运动员为“老将”，他不免耸肩，对费尔嫩德说：“要说这是老将那么我就成了古人啦！”他当然知道记者也不无道理。一满三十，不知不觉中气就不足啰。四十尚未“作古”，但在提前做准备。或许正因如此，他在去城市另一头制桶工场的途中，已很久没有观赏海景的雅趣了。

恼怒是一股汹涌的激流

- 秉性刚强的人，在盛怒之中，他们就像大海一般聋聩，烈火一般躁急。

——莎士比亚

- 无能者的唯一安慰就是恼火。

——车尔尼雪夫斯基

- 恼怒是内心的风暴，它让我们在平静的生活中掀起波澜。

——佚名

名人轶事集

艾萨克·牛顿是一位伟大的科学家，他的三大定律和万有引力理论为现代物理学奠定了坚实基础。

晚年的牛顿，已经功成名就，享受着学术界的尊敬和荣誉。然而，有一天，他偶然发现了一篇署名为自己的论文，但内容却并非出自他手。原来，有人冒充牛顿的名义，发表了一篇虚假的学术论文。这一发现让牛顿感到极度恼怒和震惊。牛顿深知学术诚信之重，迅速查明真相，公开揭露冒充者欺诈行为。

牛顿的恼怒并不仅仅是因为个人的名誉受损，更重要的是他对学术不端的零容忍态度。牛顿曾言："我追求真理，对玷污科学纯洁者绝不姑息。"

这个故事告诉我们，恼怒虽然是一种负面情绪，但也可以成为推动我们采取行动、维护正义的力量。我们应该学会理性控制和正确表达恼怒情绪，避免被情绪所左右而做出过激行为。

心悟践行录

- 尝试使用替代性的应对策略，如散步、深呼吸、写日记或听音乐等，来分散注意力。
- 将正念练习融入日常生活中，比如进行正念行走。在行走时，专注于自己的脚步、呼吸和周围环境的声音，这有助于你保持当下，减少恼怒情绪的干扰。

- 愤怒一旦与愚蠢携手并进，后悔就会接踵而来。

——富兰克林

- 恼怒将理智的灯吹熄，所以在考虑解决一个问题时，要心平气和，头脑冷静。

——英格索尔

- 学会控制自己的情绪，就像学会驾驭一匹烈马一样重要。

——佚名

情绪悦读坊

《我允许》（节选）

伯特·海灵格

我允许我升起了这样的情绪
我允许，每一种情绪的发生
任其发展，任其穿过

因为我知道
情绪只是身体上的觉受
本无好坏
越是抗拒，越是强烈

若我觉得不应该出现这样的情绪
伤害的，只是自己
我唯一能做的
就是允许

愤慨是一种力量

- 世界上有两件东西能震撼人们的心灵：一件是我们心中崇高的道德标准，另一件是我们头顶上灿烂的星空。

——康德

- 当我们纵容其他人受到不公正对待的时候，我们自身也无法逃脱受到不公正对待的命运。同情心的缺失可以摧毁一个社会、一个国家、一个民族的尊严。

——布莱恩·史蒂文森

- 心中的烈焰，犹如破晓前的曙光，它撕裂夜色的沉寂，点燃正义的火炬，照亮前行的征途，让世间的不公与阴霾在光明中无处遁形。

——佚名

名人轶事集

司马迁，字子长，是西汉时期的著名史学家，他因编写《史记》而名垂青史。

当时，汉朝与匈奴之间战争频繁，汉朝将领李陵在一次征战中战败投降了匈奴。这一事件在汉朝朝廷内引起了轩然大波，许多官员都对李陵的行为表示谴责，甚至有人落井下石，对李陵进行诋毁。

然而，司马迁却对李陵的行为表示了理解和同情。他认为李陵孤军深入，外无救兵，投降匈奴实属万不得已。更重要的是，他看不惯那些士大夫们拍马屁、落井下石的丑恶嘴脸。于是，司马迁毅然决然地为李陵辩护，希望朝廷能够公正对待这位将领。

然而，司马迁的辩护激怒了汉武帝，于是下令对他处以宫刑。尽管遭受了如此严重的打击，但司马迁并没有放弃自己的信念和追求。他深知自己的愤慨和不满源于对正义和真理的坚守，于是更加坚定了编写《史记》的决心。在狱中，他忍受着身心的痛苦，继续撰写这部伟大的史书。

司马迁用自己的行动诠释了“愤慨而不失理智，坚定而不失勇气”的真谛。

心悟践行录

- 进行适量的运动，如跑步、游泳或瑜伽等，运动不仅能帮助身体释放不良情绪，还能促进大脑分泌内啡肽等“快乐激素”，有助于改善情绪。
- 通过写日记将愤慨情绪的触发因素以及当时的想法和感受记录下来，记录的过程有助于更客观地看待自己的情绪。
- 走进大自然，如在公园、森林或海滩上散步，让心灵得到放松和滋养，有助于缓解愤慨情绪。

- 忍耐和时间，往往比力量和愤怒更有效。

——拉封丹

- 真正的宽恕，不是删除记忆，而是去接受，那些曾经的伤害和愤怒，都已经成为我们的一部分，让我们变得更强。

——佚名

情绪悦读坊

死水

闻一多

这是一沟绝望的死水，
清风吹不起半点漪沦。
不如多扔些破铜烂铁，
爽性泼你的剩菜残羹。
也许铜的要绿成翡翠，
铁罐上锈出几瓣桃花；
再让油腻织一层罗绮，
霉菌给他蒸出些云霞。
让死水酵成一沟绿酒，
漂满了珍珠似的白沫；
小珠们笑声变成大珠，
又被偷酒的花蚊咬破。
那么一沟绝望的死水，
也就夸得上几分鲜明。
如果青蛙耐不住寂寞，
又算死水叫出了歌声。
这是一沟绝望的死水，
这里断不是美的所在，
不如让给丑恶来开垦，
看它造出个什么世界。

恐惧是一种催化剂

- 恐惧对人的伤害比疾病更严重。

——乔·赫伯特

- 恐惧有一百只眼睛，它们都合起伙来折磨那怦怦跳动的心脏。

——华兹华斯

- 恐惧，如同黑夜中的阴影，无声无息却让人心生颤抖。

——佚名

- 恐惧不是深渊，不是绝境，而是你成长的催化剂。

——佚名

名人轶事集

纳尔逊·曼德拉，南非反种族隔离斗士，南非共和国首位黑人总统，被誉为“南非国父”，他的一生都在为南非的黑人争取自由和平等。

在种族隔离盛行的南非，曼德拉深知作为黑人的自己，随时可能面临被捕、拷打甚至被杀害的风险。然而，他并未被恐惧所吓倒，而是选择勇敢地站出来，为黑人的权益而斗争。他曾说过：“恐惧是心灵之锁，勇气是解锁的钥匙。”

曼德拉曾被囚禁在罗本岛上长达27年。在这段暗无天日的岁月里，他面临着死亡的威胁、无尽的孤独和肉体上的折磨。然而，他从未放弃对自由的渴望和对平等的追求。他通过秘密学习、锻炼身体和保持坚定的信念，逐渐克服了内心的恐惧，变得更加坚强和勇敢。

曼德拉深知，要战胜恐惧，必须首先正视它、了解它。他曾在自传中写道：“我们不能因为害怕就停止前进。恐惧不是我们的敌人，而是我们成长的催化剂。”这句话不仅是对他自己面对恐惧时的写照，也是对后来者的鼓舞和启示。

最终，曼德拉成功领导南非走向了种族和解与民主的道路。他的故事告诉我们，恐惧虽然强大，但只要我们敢于面对它、挑战它，并最终战胜它，我们就能实现自我超越和社会的进步。

心悟践行录

- 首先，要勇敢地面对自己的恐惧，不要试图逃避或否认它的存在。深入了解恐惧的根源所在，有助于更好地理解和应对它。
- 寻找那些成功克服恐惧的人作为自己的榜样。通过了解他们的经历和方法，可以获得动力，激励自己去面对和克服恐惧。

- 要克服恐惧和忧虑，请保持忙碌。

——戴尔·卡耐基

- 人要是惧怕痛苦，惧怕种种疾病，惧怕不测的事件，惧怕生命的危险与死亡，他就会什么也不能忍受。

——卢梭

- 勇敢的人乃是知道恐惧、却能克服恐惧的人；看到深渊、却能昂然傲视的人。

——尼采

情绪悦读坊

我们最深的恐惧

玛丽安娜·威廉森

我们最深的恐惧，并非是我们无能为力；
我们最深的恐惧，是我们不可估量的能力；
是我们内心的光明，而非黑暗，使我们惊恐不已。
我们扪心自问：
我是可以聪明、美貌、才华横溢、出类拔萃吗？
难道我们不可以成为这样的人吗？
你是上帝的孩子。
你萎缩自己，掩盖自己的光芒，并不会点亮这个世界。
缩小自己在狭窄的世界里，
为了消除周围的人感到不安，并无裨益。
我们本应该光芒四射，像孩子们一样，照亮世界。
我们生来就是为了呈现内在已有的上帝的荣耀。
这种荣耀的光芒不只在一些人身上；它在每个人身上。
当我们让自己发出光芒，
我们不知不觉中也允许他人去闪耀他们的光芒。
当我们将自己从恐惧中解放，
我们的存在无形中也解放了他人。

惧怕是一个无形的屏障

- 人之所以迷信，只是由于恐惧；人之所以恐惧，只是由于无知。

——霍尔巴赫

- 害怕危险的心理比危险本身还要可怕一万倍。

——笛福

- 如果容许我再过一次人生，我愿意重复我的生活。因为，我向来就不后悔过去，不惧怕将来。

——蒙田

名人轶事集

梅丽尔·斯特里普，这位被誉为“当代最伟大的女演员之一”的美国女演员，以其精湛的演技和深厚的表演功底赢得了全球观众的喜爱和尊敬。

斯特里普自小就对表演充满了热爱，但每当她站在舞台上，面对着众多的观众，心中便会涌起一股难以名状的恐惧感。她害怕自己会出错，害怕观众会嘲笑她。然而，斯特里普并没有让这种恐惧感击垮自己。她深知“恐惧是思维的囚徒，勇气是行动的钥匙”的道理。于是，她开始努力地学习表演技巧，参加各种演出活动，逐渐地，她发现自己在舞台上的表现越来越自然，越来越自信。

斯特里普凭借在电影《克莱默夫妇》中的出色表现赢得了自己的第一个奥斯卡最佳女配角奖，从此开始了她辉煌的演艺生涯。

斯特里普的故事告诉我们，即使是最优秀的人才，在追求梦想的道路上也会遇到各种困难和挑战。但只要我们勇敢地面对这些困难，努力地去克服它们，就一定能够实现自己的梦想。

心悟践行录

· 保持均衡的饮食，摄入足够的营养，有助于改善情绪状态及维持机体活力。同时，定期进行有氧运动，如跑步、游泳或瑜伽，可以增强你的体质，提高应对压力的能力。

· 每天进行正念冥想和深呼吸练习，有助于你保持当下的专注和平静。当你感到害怕时，这些练习可以帮助你迅速恢复冷静，缓解不良情绪。

● 去做你害怕的事，害怕自然就会消逝。

——爱默生

● 勇气通往天堂，怯懦通往地狱。

——塞内加

● 一颗无畏的心往往能帮助一个人避免灾难。

——乔万尼奥里

情绪悦读坊

不要温和地走进那良夜

狄兰·托马斯

不要温和地走进那良夜，
老年应当在日暮时燃烧咆哮；
怒斥，怒斥光明的消逝。
虽然智慧的人临终时懂得黑暗有理，
因为他们的话没有迸发出闪电，他们
也并不温和地走进那个良夜。
善良的人，当最后一浪过去，高呼他们脆弱的善行
可能曾会多么光辉地在绿色的海湾里舞蹈，
怒斥，怒斥光明的消逝。
狂暴的人抓住并歌唱过翱翔的太阳，
懂得，但为时太晚，他们使太阳在途中悲伤，
也并不温和地走进那个良夜。
严肃的人，接近死亡，用炫目的视觉看出
失明的眼睛可以像流星一样闪耀欢欣，
怒斥，怒斥光明的消逝。
您啊，我的父亲。在那悲哀的高处。
现在用您的热泪诅咒我，祝福我吧。我求您
不要温和地走进那个良夜。
怒斥，怒斥光明的消逝。

担心是一种多余的负担

- 我一生总在无止境地忧虑，其实很多担忧从未发生过。

——马克·吐温

- 担忧不会减少明天的麻烦，只会减少今天的快乐。

——佚名

- 担心是向明天借来的烦恼。

——佚名

名人轶事集

老约翰·洛克菲勒，美国商业巨擘，在事业巅峰时期曾是世界上最富有的人之一。然而，在洛克菲勒53岁时，他陷入了深深的忧虑之中。

洛克菲勒无时无刻不在担心着公司的运营状况、市场的变化以及竞争对手的动态。这种忧虑逐渐侵蚀了他的健康，使他变得憔悴不堪，甚至患上了神经性脱毛症，他的皮肤也失去了血色，变得像包在骨头上的一层皮。

尽管洛克菲勒拥有无尽的财富，但无休止的忧虑却让他几乎失去了享受生活的能力。他的身体状况每况愈下，医生警告他，如果再不改变生活方式，他可能会英年早逝。面对医生的警告，洛克菲勒开始反思自己的生活。他意识到，忧虑并不能帮助他更好地经营事业，反而正在摧毁他的身体和心灵。

于是，洛克菲勒开始遵守医生的三项原则：避免忧虑、放轻松、注意饮食。他开始学习打高尔夫球、从事园艺，与邻居聊天、玩牌，甚至唱歌。他开始关注慈善事业，将财富用于帮助那些需要帮助的人。最终，洛克菲勒不仅挽回了自己的生命，还找到了真正的幸福和满足。

洛克菲勒的故事告诉我们，忧虑并不能帮助我们解决问题，反而可能会摧毁我们的身体和心灵。只有学会放下负担、享受生活、关注他人，我们才能真正找到内心的平静和满足。

心悟践行录

- 拿起笔，开启一场与“忧虑日记”的对话。每天记录下你的担忧，但不仅仅是记录，更要为每条担忧“绘制地图”——分析它的来源、可能的后果，以及你能采取的积极行动。
- 利用你的创造力，将担忧转化为艺术创作。无论是画画、写作、编曲还是设计，让担忧成为你创作的灵感源泉。在这个过程中，你会发现，担忧不再是沉重的负担，而是激发潜能的火花。

- 你无法预见未来，只能在回头时将点滴连接起来。

——史蒂夫·乔布斯

- 不要害怕阴影，因为那意味着附近有光。

——佚名

- 不必太过纠结当下，也不必太忧虑未来，当你经历过一些事情的时候，眼前的风景已经和以前不一样了。

——村上春树

- 一日一日来，一步一步走，那份柳暗花明的喜乐和必然的抵达，在于我们自己的修持。

——三毛

情绪悦读坊

《相信未来》（节选）

食指

我之所以坚定地相信未来，
是我相信未来人们的眼睛——
她有拨开历史风尘的睫毛，
她有看透岁月篇章的瞳孔。

不管人们对于我们腐烂的皮肉，
那些迷途的惆怅，失败的苦痛，
是寄予感动的热泪，深切的同情，
还是给以轻蔑的微笑，辛辣的嘲讽。

我坚信人们对于我们的脊骨，
那无数次的探索、迷途、失败和成功，
一定会给予热情、客观、公正的评定，
是的，我焦急地等待着他们的评定。

朋友，坚定地相信未来吧，
相信不屈不挠的努力，
相信战胜死亡的年轻，
相信未来、热爱生命。

孤独是一种灵魂的洗礼

- 这个世界，每个人都是一座孤岛。

——梭罗

- 孤独——已经死去的一切仍存在于我们心中的一座活坟墓。

——雷尼伦

- 哪里会有人喜欢孤独，不过是不喜欢失望罢了。

——村上春树

- 孤独不是在寂静的夜里，而是在喧嚣之中找不到自己的声音。

——佚名

名人轶事集

让-雅克·卢梭，法国大思想家，他的一生充满了孤独与挑战。他因《论科学与艺术是否败坏或增进道德》一文获奖而声名鹊起，随后《社会契约论》和《忏悔录》等著作更是使他名垂青史。然而，荣誉并未为卢梭带来快乐的社交生活。他信奉天赋人权学说，与当时主流社会的理性主义产生了严重分歧，逐渐在社交圈中被孤立。

卢梭在孤独中坚守信念，他曾说："我独处时从不感到厌烦，没有比独处更好的伴侣了。"这句话深刻体现了他对孤独的独特理解和积极态度。尽管遭遇迫害和误解，他依然坚持自己的思想，忍受着世人的排斥。他的书在法国大革命时产生了巨大影响，被视为“革命圣经”。

卢梭的一生，是与孤独较量的一生。在孤独中，他深入思考、坚持自我，最终成就了不朽的思想和著作。他的故事告诉我们，孤独并非绝境，而是成就伟大事业的必经之路。面对孤独时，我们应保持坚韧和信念，像卢梭一样，在孤独中绽放自己的光芒。

心悟践行录

- 在数字时代，科技手段可以成为你摆脱孤独的有力工具。利用社交媒体、在线聊天工具或视频通话软件，与远方的朋友保持联系，分享生活点滴。
- 不要等待孤独的阴霾自行散去，而应主动迈出步伐，参与社交活动。加入兴趣小组、社区团体或线上论坛，与志同道合的人建立联系，分享彼此的兴趣和生活体验。

- 孤独可以使人能干，也可以使人笨拙。

——雨果

- 唯独在这些孤独和沉思默想的时刻，我才是真正的我，才是和我的天性相符的我，我才既无忧烦又无羁束。

——卢梭

情绪悦读坊

孤独

莎拉·蒂斯黛尔

随着岁月的逝去，我的内心越来越富足
和青年时候不同，我再也不用像从前那样
同每个新认识的朋友，都一见如故
或者一定要用语言把思想塑成具体形状
他们来也好，去也好，在我看来是一回事
只要我能保有自我和坚强的意愿

只要我有力量在夏日夜晚爬上山去
看星星成群涌过来，在山的那一边
让他们去相信我爱他们，爱得比实在还要多
让他们去相信我非常在乎，虽然我一个人走
假如能让他们得意，对我又有什么关系
只要我本身完整，像一朵花或一块石头

孤单是一把双刃剑

- 忍受孤寂或许比忍受贫困需要更大的毅力，贫困不过是降低人的身份，但是孤寂就会败坏人的性格。

——狄德罗

- 人生的第一件大事是发现自己，因此人们需要不时地孤独和沉思。

——南森

- 我走上了一条比记忆还要长的路。陪伴着我的，是朝圣者般的孤独。我脸上带着微笑，心中却充满悲苦。

——切·格瓦拉

- 我不再装模作样地拥有很多友人，而是回到了孤单之中。

——余华

名人轶事集

王澍，中国美术学院建筑艺术学院院长，对于他来说，孤单则是一种选择。

在建筑设计产业化的中国，王澍坚持自己的设计理念，不鼓励拆迁，不喜欢地标性建筑，几乎不做商业项目。建筑不仅仅是技术的体现，更是艺术的创作。王澍认为建筑理应尊重历史和文化，而不是追求商业利益，但这并不符合当时的设计理念。王澍一直深信着奥铿的一句话：“为了从事创造性工作，人类需要孤独，可是在孤独中，广义的人类仍存在于内心。”

在中国美术学院的建筑布局中，王澍放弃了传统校园的格局，将校园设计成一座城、一座村，采用中国传统的合院式布局，保留了溪流、鱼塘、农地等自然元素，体现了建筑与自然的和谐共生。这种坚守让他备受争议，但也让他独树一帜。2012 年，他获得了普利兹克奖，成为首位获得该奖项的中国人。

王澍的成功离不开他孤单的思考与坚守，他用自己的行动证明了，真正的优秀往往来源于一份孤独。他用自己的设计理念，为中国建筑界带来了一股清新的风，也为世界建筑界做出了独特的贡献。

心悟践行录

- 找到自己感兴趣的活动，如读书、画画、听音乐、运动或旅行。这些活动不仅能打发时间，还能带来乐趣，让孤独感慢慢消散。
- 尽管有时候不想与人交流，但保持与亲朋好友的联系是缓解孤独的好方法。可以通过电话、短信或社交软件与他们聊天，分享生活点滴。
- 独处不等于孤独，学会享受一个人的时光，比如通过冥想、瑜伽等活动放松心情，也是一种很好的自我疗愈方式。

● 单独一个人可能灭亡的地方，两个人在一起可能得救。

——巴尔扎克

- 如果我真的对云说话，你千万不要见怪，城市是一个几百万人一起孤独地生活的地方。

——梭罗

- 不要走在我后面，因为我可能不会引路；不要走在我前面，因为我可能不会跟随；请走在我的身边，做我的朋友。

——阿尔贝·加缪

情绪悦读坊

寂寞时我走向群山

弗罗斯特

寂寞时我走向群山，为了远离尘寰的纷扰；
但寂寞仍如影随形，我开始把群山寻找。

群山不语，却给我庇护，在它们的怀抱我安歇；
它们以沉默作为慰藉，寂寞在群山中消解。

风在松林间低语，清泉在石上潺潺；
我倾听自然的和鸣，寂寞在音符间消散。

星光照亮我的归途，月光洒满寂静的田野；
在自然的怀抱中漫步，我找到了心灵的慰藉。

被弃是一种历练

- 上天完全是为了坚强你的意志，才在道路上设下重重的障碍。

——泰戈尔

- 不要害怕被抛弃，因为世界上总有人愿意捡起你。

——佚名

- 被遗弃的角落里，盛开着不为人知的野花。

——佚名

名人轶事集

路遥，原名王卫国，一代文学巨匠，1949 年 12 月 3 日出生于陕西省清涧县石咀驿乡王家堡村的一个贫困农民家庭。7 岁时，因家庭贫困被过继给延川县农村的伯父，伯父家同样贫困，但伯母王桂英靠讨饭和乡亲们的接济，供路遥读完了中学。路遥并未向命运低头，他怀揣文学梦想，偷偷去城里求学，在艰难环境中坚持创作。

路遥的长篇巨作《平凡的世界》荣登茅盾文学奖榜首。为了创作，路遥查阅大量资料、深入民间采风。42 岁时，他因劳累过度离世。

路遥的一生，是苦难而又精彩的一生。他经历了贫困、饥饿、疾病的折磨，但他始终没有放弃对文学的热爱和追求。他用自己的生命和汗水，书写了一部部感人至深的文学作品，激励了一代又一代的年轻人。他曾说："生活不能等待别人来安排，要自己去争取和奋斗；而不论其结果是喜是悲，但可以慰藉的是，你总不枉在这世界上活了一场。"

被遗弃的感觉就像是一场寒冬，但请记住，寒冬过后必有暖春。只要像路遥一样心怀坚定的信念，就能走出困境，迎接新的生活。

心悟践行录

· 认识被遗弃是正常的情感体验，不要因此感到羞耻或自责。接受并理解自己的感受，允许自己感受悲伤、愤怒等情绪，这是疗愈过程的一部分。

· 与信任的朋友、家人分享自己的情感和感受，他们的理解和支持可以帮助你面对困难。

· 保持健康的生活习惯，如定期锻炼、良好的饮食习惯和充足的睡眠，有助于提高身心健康。

- 被遗弃不是最可怕的，可怕的是失去自我。

——佚名

- 事业常成于坚忍，毁于急躁。我在沙漠中曾亲眼看见，匆忙的旅人落在从容的后边；疾驰的骏马落在后头，缓步的骆驼继续向前。

——萨迪

- 被遗弃并不是终点，而是新开始的起点。

——佚名

情绪悦读坊

江有汜

《诗经·国风》

江有汜，之子归，不我以。
不我以，其后也悔。

江有渚，之子归，不我与。
不我与，其后也处。

江有沱，之子归，不我过。
不我过，其啸也歌。

期待是不灭的灯塔

- 生活赋予我们的一种巨大的和无限高贵的礼品，这就是青春：充满着力量，充满着期待、志愿，充满着求知和斗争的志向，充满着希望、信心的青春。

  ——奥斯特洛夫斯基

- 人类的全部智慧就包含在这五个字里面：“等待”和“希望”。

  ——亚历山大·仲马

- 你越对人生有所期待，人生便越美好。

  ——佚名

名人轶事集

苏武，西汉时期的卓越人物，以其非凡的外交才能赢得了广泛赞誉。他精通处理与周边国家乃至更远地域的邦交事务，凭借智慧和谋略，为西汉王朝赢得了诸国间的尊敬，从而成为那个时代最为杰出的外交使者之一。然而，苏武的成就远不止于此。

公元前 100 年，苏武被汉武帝派往出使匈奴，因卷入匈奴内乱而被扣押。面对匈奴单于的威逼利诱，他意识到“见犯乃死，重负国”，一旦被匈奴审讯，就会给汉朝带来羞辱，所以他选择了宁死不屈，坚决不降。

苏武被流放到荒无人烟的北海边牧羊，空以身膏草野，留居十九年。在这漫长的岁月里，他渴饮雪、饥吞毡，生活极其艰苦，但他始终手持汉节，象征着对祖国的忠诚和对归乡的期待。“荣为期望在春前，谁料秋来又不然。直遇清江贵公子，一生活计始安全。”正是这份对回归祖国的深切期待，支撑他走过了这充满艰辛的岁月。直到汉昭帝时期，风云际会，汉朝与匈奴达成和解，苏武终于迎来了归国的曙光。当他踏上故土的那一刻，所有的苦难与等待都化作了泪水与欢笑，他深知，是那份对回归祖国的深切期待，如同北极星般指引着他，穿越了十九年的风霜雨雪，迎来了生命中最温暖的春天。从此，苏武的名字，成了坚韧不拔、忠贞不渝的代名词，永远镌刻在了历史的长卷之中。

心悟践行录

- 无论是写作、绘画、音乐还是其他形式的艺术创作，保持创造力能激发你的想象力和创新思维。
- 在日历上标记出特别的“期待时刻”，比如旅行、庆祝活动或与家人朋友的聚会。这些时刻能给你带来期待和兴奋，让你在日常生活中保持动力。

- 人生无非是等和忍的交替。有时是忍中有等，绝望中有期待。

——周国平

- 心中有所期盼，便是明确了目标、知晓了方向，进而奋力前行。

——佚名

- 期待如星辰，指引你前行；心中怀梦想，生活更精彩。

——佚名

- 期待明天，就要把今天过好；期待成功，就要比别人更努力。

——佚名

情绪悦读坊

要怀着希望（节选）

阿莱克桑德雷·梅洛

你懂得生活吗？你懂。
你要它重复吗？
你正在原地徘徊，坐下，
不要总是回首往事，要向前冲。

站起来，再挺起胸，这才是生活。
生活的道路啊，难道只有额头的汗水，
身上的荆棘，仆仆的风尘，心中的痛苦，
而没有爱情和早晨？

继续，继续攀登吧，咫尺即是顶峰，
别再犹豫了，站起来，挺起胸，岂能放弃希望？
你没觉得吗？你耳边有一种无声的语言，
它没有语调，可你一定听得见。

……

挺起胸膛去迎接朝霞的蓝天，

希望之光在地平线上已经冉冉升起。

迈开坚定的步伐，认定方向，

信赖我的支持，迅猛地朝前追去。

希望是一簇恒燃的心火

- 没有希望的地方，就没有奋斗。

——塞·约翰生

- 希望是附丽于存在的，有存在，便有希望，有希望，便是光明。

——鲁迅

- 希望是坚韧的拐杖，忍耐是旅行袋，携带它们，人可以登上永恒之旅。

——罗素

- 我们必须接受有限的失望，但是千万不可失去无限的希望。

——马丁·路德·金

名人轶事集

唐朝末年，社会动荡，天灾人祸不断。官府腐败，赋税沉重，农民生活在水深火热中。

黄巢，一个屡次落第的秀才，满怀对未来的希望，在这黑暗时刻点燃了火花。黄巢曾渴望通过科举改变命运，但屡次失利。在长安考试失败后，他写下“待到秋来九月八，我花开后百花杀。冲天香阵透长安，满城尽带黄金甲”，表达对科举制度的不满和对改变现状的渴望。离开长安后，他目睹百姓以野菜树皮充饥，官府却横征暴敛。于是，黄巢心中的希望之火被点燃，他决定起义，为百姓争取生机。

起义如星星之火，迅速蔓延。贫苦农民纷纷加入，怀着对美好生活的向往，在黄巢领导下转战各地。黄巢起义军所到之处，焚毁官府，斩杀贪官，救济贫农。他们提出“均平”口号，如曙光照亮农民心中的希望。起义军声势浩大，攻克广州、洛阳多地，建立“大齐”政权。黄巢即位称帝，成为希望的象征，无数百姓看到改变命运的可能。

黄巢起义打击了唐朝统治，动摇了封建制度根基，为后来农民斗争树立榜样。

心悟践行录

- 将失败视为学习和成长的机会。每次失败后，都试着分析原因，从中吸取教训，并为自己设定新的行动计划，以此日日有期盼。
- 将积极的日常习惯融入生活，如晨间冥想、感恩日记、定期运动等，这些习惯能够提升你的整体幸福感，对未来充满希望。
- 保持对生活的热爱是永远保持希望的关键。无论遇到什么挑战，都要保持对生活的热爱和激情。这种热爱会让你更加珍惜每一个瞬间，更加坚定地追求自己的梦想。

- 只要我们能把希望的大陆牢牢地装在心中，风浪就一定会被我们战胜。

——哥伦布

- 等待时机，希望便会降临。

——佚名

- 如果在这个世界上必须有苦难存在，那就让它存在吧；但总应该留下一线光明，至少留下一点希望的闪光，以促使人类中较高尚的部分，怀着希望，不停地奋斗，以减轻这种苦难。

——爱默生

- 小孩闭上眼睛，看见花，看见梦，看见希望；大人闭上眼睛，睡着了。

——几米

情绪悦读坊

光以其将尽的火焰

巴勃罗·聂鲁达

光以其将尽的火焰包裹你，
出神而苍白的哀痛者，如是站着，
背对黄昏那绕着你旋转的
古老的螺旋桨。

一语不发，我的女友，
独自在这死亡时辰的孤寂里
而又充满火的活力，
毁灭的白日纯粹的继承者。

一束阳光落在你深色的衣裳。
夜巨大的根茎
突然从你的灵魂生长出，
藏在你体内的东西又重现于外，
一个苍白的蓝色民族，
刚刚降生，便从你那里获得滋养。

啊，臣服于黑色与金色轮旋的圆圈，
伟大，丰饶而有磁性的女奴：
挺立，奋力，完成如此活跃的创造，
以致花朵纷落，而自己充满悲哀。

渴望是一种动力

- 人类本质中最殷切的需求是渴望被肯定。

——威廉·詹姆斯

- 当一个人真心渴望某样东西时，整个宇宙都会联合起来帮助他完成梦想。

——保罗·柯艾略

- 渴望是人类进步的动力，是实现自我价值的源泉。

——徐志摩

- 我们曾如此渴望命运的波澜，到最后才发现，人生最曼妙的风景，竟是内心的淡定和从容。

——杨绛

名人轶事集

在晋代，有个贫寒少年孙康，自幼聪慧，热爱读书，但家境贫困成了他求知的阻碍。白天，他忙于家事和劳作，只能抽空阅读书籍。夜晚静谧无杂事，正是读书的好时光，读一晚书，需要用去一灯油，可家里却连灯油都买不起。

一个寒冷冬夜，孙康醒来，见窗外明亮。开门一看，白雪皑皑，大地盖着厚厚的雪被，月光下银装素裹。于是他心生一计，利用雪的反光读书。于是拿出书卷，在雪地中蹲下，借着积雪反射的微弱光芒，如饥似渴地读了起来。冬夜寒风刺骨，孙康却沉浸书海，忘了寒冷和疲倦。手脚冻僵了，他就起身跑动，搓搓手跺跺脚再读。整个冬天，他夜以继日地借雪光苦读，从未中断。最终，他学有所成，成为享有盛誉的饱学之士，官至御史大夫。

孙康映雪读书的故事告诉我们，在艰苦环境中坚持追求知识与理想的执着精神才能有所成就。

心悟践行录

· 试着找到属于自己的乐趣，不断吸收新知识、技能，探索未知领域，学习过程中的成就感和对未知的好奇会激发对更多可能性的渴望。

· 每日记录自己对未来的憧憬、想要达成的成就或体验，以及当前的感受和想法。设定“愿景时刻”，如每天早晨或晚上，凝视愿景板并想象自己实现梦想的情景，以激发内心的渴望。

- 即使渴望落空，感觉到渴望的痛苦依然是甜蜜的。

——泰戈尔

- 渴望就像一盏明灯，照亮我们前行的道路，让我们在黑暗中也能找到方向。

——佚名

情绪悦读坊

《她走在美丽的光彩中》（节选）

乔治·戈登·拜伦

她走在美丽的光彩中，像夜晚
皎洁无云而且繁星漫天；
明与暗的最美妙的色泽
在她的仪容和秋波里呈现：

耀目的白天只嫌光太强，
它比那光亮柔和而幽暗。

增加或减少一份明与暗
就会损害这难言的美。

美波动在她乌黑的发上，
或者散布淡淡地照在脸膛，
仿佛那轻云般皎洁的月亮，
照耀着西半球深秋的海洋。

平静是内心的一份坚持

- 最好的生活状态：一个人时，安静而丰盛。两个人时，温暖而踏实。

——钱锺书

- 所有漂泊的人生都梦想着平静、童年、杜鹃花，正如所有平静的人生都幻想伏特加、乐队和醉生梦死。

——弗朗索瓦丝·萨冈

- 所谓幸福的生活，必然是指安静的生活，原因是只有在安静的气氛中，才能够产生真正的人生乐趣。

——罗素

- 虔诚不是目的，而是手段，是通过灵魂的最纯洁的宁静达到最高修养的手段。

——歌德

名人轶事集

路德维希·凡·贝多芬，这位出生于德国波恩的音乐巨匠，用他的一生诠释了坚韧与激情，为世界留下了无数震撼人心的乐章。

1770 年 12 月 16 日，贝多芬诞生于一个音乐世家，从小便在父亲的严厉教导下接触音乐。年仅 8 岁时，贝多芬便登台演出，展示出了非凡的音乐天赋。22 岁时，他离开故乡波恩，前往音乐之都维也纳深造。在维也纳，贝多芬迅速崭露头角，他的钢琴技巧和创作才华备受赞誉。

然而，命运却向他投下了一颗重磅炸弹——贝多芬开始逐渐失去听力。对于一个音乐家来说，这无疑是致命的打击，但贝多芬并没有向命运低头。他平静坦然地面对残酷的现实，他凭借顽强的毅力和对音乐的热爱，继续创作出了《月光奏鸣曲》《热情奏鸣曲》《命运交响曲》等一部部伟大的作品。贝多芬在失去听力的过程中，更加深刻地思考生命的意义。“因为我的信仰，我平静而幸福地生活着，平安地走到生命的尽头。”这句话深刻地体现了贝多芬内心的坚定与从容。

尽管贝多芬的一生充满了苦难，尤其是晚年的失聪给他带来了巨大的打击，但他始终没有放弃对生活的热爱和对艺术的追求。他的信仰如同一盏明灯，照亮了他前行的道路，让他在困境中保持着平静的心态，享受着内心的幸福。

心悟践行录

- 学会用幽默的眼光看待生活中的小插曲，用乐观的心态面对未来的不确定性。认识到生活中的变化和挑战是不可避免的。通过培养耐心和韧性，你可以更好地应对这些变化，保持内心的平静和稳定。
- 在你的居住或工作环境中创造一个宁静的空间。这可以是一个安静的角落、一个装饰有舒缓色彩和植物的房间，或者是一个播放轻柔音乐的区域。这个空间可以成为你逃离喧嚣、放松身心的避风港。
- 选择健康的食物，减少咖啡因和糖分的摄入，同时保持适度的身体活动，如瑜伽、散步或游泳，以促进身心平静。

- 夫君子之行，静以修身，俭以养德。非淡泊无以明志，非宁静无以致远。

——诸葛亮

- 纯朴者是何等有福，因为他们享受着极大的宁静。

——托马斯

- 真正的平静不在于远离喧嚣，而在于内心的修炼。

——佚名

- 看透世事，不如看淡世事。无论世事有多残忍，我心如花开，该开则开，该落则落。

——佚名

情绪悦读坊

《如果我能咬整个世界一口》（节选）

费尔南多·佩索阿

如果我能咬整个世界一口
用我的腭细细品味它
如果大地可以吞食
那一瞬间我会更快乐……
但我并不想一味快乐。
有时陷入不快
却显得非常自然……
并非每一天都是晴朗的。
如果长期不下雨，我们就会期盼它来临。
因此，我对待不幸和幸福
很自然，就像有高山与平原
有岩石与草地，
我对此不会感到惊奇……

无论幸福与否，
最重要的是自然和平静。

安宁是一种对平静的向往

- 经历风风雨雨，对世间万物，人间百态，都已了然于胸，愈发觉得，内心的安宁最难得。

——佚名

- 当你的灵魂变得宁静、平和且喜悦时，你的眼睛便有一种深邃的清澈，它们变得这般透明，以至于你能够洞悉一个人的灵魂。

——尼采

- 也许我们是平凡和微渺的，但我们竭尽力量做着喜欢的事，心中便充溢温暖和安宁。

——毕淑敏

名人轶事集

王羲之，东晋时期的书法家，被赞誉为“书圣”。他在书法艺术上造诣深厚，其作品如《兰亭序》等流传千古。他的书法作品飘若浮云，矫若惊龙，具有独特的韵味和神韵。

王羲之的成功离不开他对书法的热爱与刻苦练习。王羲之自幼酷爱书法，每日潜心研习，即使面对困境也不改其志。他通过日复一日地练习，不仅提升了书法技艺，更在练习书法的过程中修炼了心性，使内心趋于平和。他在练习书法时，总是平心静气，力求每一笔每一画都做到完美。秉持“少言不生闲气，静修可致永年”的理念，他不断磨砺自己的技艺，最终达到了书法艺术的巅峰。王羲之对名利看得很淡，专注于自己的书法艺术。这种淡泊的心态使他能够远离世俗的纷扰，保持内心的安宁。

王羲之通过书法、自省等方式，保持了内心的安宁，为后人留下了宝贵的艺术财富和精神财富。他的故事告诉我们，只有保持内心的安宁，才能在艺术创作的道路上不断前行。

心悟践行录

- 在数字时代，学会管理自己的信息摄入，避免过度使用社交媒体和电子设备，以减少外界的干扰和负面影响。
- 定期在自然环境中散步，如公园、森林或海边，感受大自然的美好与宁静，让心灵得到片刻的安宁。
- 每天设定一段时间进行冥想，专注于呼吸，让思绪逐渐平静，帮助自己从日常生活的喧嚣中抽离出来。

- 安宁不是一种外在的状况，而是一种内在的心境。

——佚名

- 繁花似锦觅安宁，淡云流水度此生。

——黄敬远

情绪悦读坊

山隘

赫尔曼·黑塞

风吹过陡直坚实的小径，树与灌木被抛在身后，只见石头与青苔独占山头。人类尚未入侵这片净土，这里没有人类的份儿。在这里，即使是农人也找不到粮草或木材。远方呼唤着，点燃了股股的思念；这可爱的小径越过山崖、沼泽与皑皑白雪，引人来到另一座山谷、另一个村落，接触另一种语言、另一群人们。我在山隘高处小歇片刻。山路缓缓下降，两侧潺潺流水相随。在这高处驻足，几乎能找到通往两个世界的路。脚下的这条小河流向北方，注入远方寒冷的大海；另一侧雪融之水则落向南方，在亚得里亚海入洋，最后漂向非洲大陆。然而，世界上所有的川流，最后总会汇集在一起，北极冰海与尼罗河终会一起转为潮湿的云。这古老又美丽的平衡，平添此刻的神圣之感；对于像我这样的游子而言，每一条路都是回家的路。

放松是一门生活的艺术

- 真正的闲暇并不是说什么也不做，而是能够自由地做自己感兴趣的事情。

——萧伯纳

- 生活是种律动，须有光有影，有左有右，有晴有雨，滋味就含在这变而不猛的曲折里。

——老舍

- 我更喜欢一个人默不作声地读书或全神贯注地听音乐。只需一个人做的事情，我可以想出许多来。

——村上春树

- 在紧张与忙碌中，不要忘记给自己留一片宁静的天空。

——佚名

名人轶事集

林清玄，台湾知名作家，以文字细腻、情感真挚著称。在繁忙的写作生涯中，他找到了独特的放松方式——品茶。

对他而言，茶是生活的调味剂，更是心灵的抚慰者。每当写作至深夜，或是思绪纷扰时，林清玄便会泡上一壶好茶，让茶香在静谧的夜晚中缓缓流淌。他深信，品茶能净化心灵，让人忘却烦恼，回归内心的宁静。

林清玄品茶，不仅注重茶的口感，更在意品茶的过程。他享受从挑选茶叶、烧水、冲泡到品饮的每一个细节，认为这些仪式感能让人更加专注于当下，从而放松身心。

在他的笔下，茶成了灵感的源泉。许多优美的文字，正是在品茶的静谧时光中悄然诞生的。林清玄曾说："品茶，不仅品的是茶的味道，更是品的人生百态。"

如今，虽然林清玄已离世，但他的文字与品茶之道，仍激励着无数人在忙碌的生活中，寻找一片属于自己的宁静之地，让心灵得以放松与滋养。

心悟践行录

· 闭上眼睛，想象一些美好、平静的场景，如海滩、森林或草原。尽量生动地想象这些场景，感受身临其境的感觉。这种想象可以帮助我们暂时脱离现实中的压力，带来放松和愉悦。

· 读一读书、听一曲优美的音乐、跑跑步、爬爬山等这些有趣的活动都能够放松我们的身心。

- 来一场说走就走的旅行，让心灵去流浪，瞬间放松。

——佚名

- 几本书，一点愁，外加大量的音乐，就是我无所事事的日常。我半眯着眼，看时光一天天流逝。

——罗曼·莫内里

- 休息不是偷懒。夏日里偶尔躺在树荫下的草坪上，耳听流水淙淙声，眼望着蓝天浮云，这绝不是浪费时光。

——艾什尔里

情绪悦读坊

我喜欢这黄昏

余秀华

我喜欢这黄昏
喜欢空气里暗哑的香气
和若有若无的钟声
从一棵树里发出来的
从一只鸟的翅膀里发出来的
我喜欢这蓝色的，明亮的忧伤：
这从云朵里缓缓
落下来的光
我喜欢我自己身体里破碎的声音
和愈合的过程
——那些悲喜交替
那些交替的过程里新生的秘密
甚至，这无望的人生，也是我爱着的
因为你在远方挥动手的样子
如同一道命令叫万物生长

嫉妒是一种自我苛求

- 失宠和妒忌曾经使天神堕落。

——海涅

- 像空气一样轻的小事，对于一个嫉妒的人，也会变成天书一样坚强的确证；也许这就可以引起一场是非。

——莎士比亚

- 嫉妒是一种恨，此种恨使人对他人的幸福感到痛苦，对他人的灾殃感到快乐。

——斯宾诺莎

- 嫉妒的人常自寻烦恼，这是他自己的敌人。

——德谟克利特

名人轶事集

战国时期，军事家庞涓因嫉妒孙膑的才能，设计陷害，使孙膑遭受酷刑。孙膑和庞涓原本是同窗，两人一起学习兵法。孙膑才华出众，对兵法有着独到的见解，而庞涓则心胸狭窄，嫉妒孙膑的才能。他害怕孙膑会超越自己，于是设计陷害孙膑，让他在政治上失去了立足之地。然而，孙膑凭借智慧和坚韧，最终逃到齐国。

在齐国，他得到了田忌的赏识与帮助，逐渐恢复元气，并开始投身于军事事务中。孙膑以其卓越的军事才能，为齐国制定了一系列巧妙的战略，帮助齐国在多次战役中取得胜利。尤其是在桂陵之战与马陵之战中，孙膑以退为进、诱敌深入的战术，彻底击败了庞涓率领的魏军，不仅报了个人之仇，也为齐国赢得了霸主地位。

庞涓的嫉妒心源于他的猜忌多疑以及对权力的过度追求。他本是一位有才华的军事家，但这种才华却因嫉妒心的驱使而扭曲，最终因为自己的贪婪与短视而自食恶果。

心悟践行录

- 投入时间和精力到能够带给你快乐和满足感的活动中，如阅读、旅行、艺术创作等，探索新的兴趣爱好，丰富自己的生活体验，减少对他人的在意。
- 当嫉妒情绪出现时，尝试用积极的思维方式来替代消极的想法。例如，将“他比我成功，我比不上他”转变为“他成功是因为他付出了努力，我也可以通过努力取得进步”。
- 加入志愿者组织，参与社区服务或慈善活动，将注意力转移到他人的需求上，减少自我中心的倾向。

- 嫉妒心是荣誉的害虫，要想消灭嫉妒心，最好的方法是表明自己的目的是在求事功而不求名声。

——培根

- 想要得到一件东西，最可靠的方法就是让自己配得上它。

——查理·芒格

情绪悦读坊

右不忮

曾国藩

善莫大于恕，德莫凶于妒。
妒者妾妇行，琐琐奚比数。
己拙忌人能，己塞忌人遇。
己若无事功，忌人得成务。
己若无党援，忌人得多助。
势位苟相敌，畏逼又相恶。
己无好闻望，忌人文名著。
己无贤子孙，忌人后嗣裕。
争名日夜奔，争利东西骛。
但期一身荣，不惜他人污。
闻灾或欣幸，闻祸或悦豫。
问渠何以然，不自知其故。

羡慕是一种对自身局限的不自知

- 一个人总是仰望和羡慕着别人的幸福，一回头却发现，自己正被仰望和羡慕着。

——几米

- 你羡慕我的自由，我羡慕你的约束；你羡慕我的车，我羡慕你的房；你羡慕我的工作，我羡慕你每天总有休息时间。

——莫言

- 你站在桥上看风景，看风景人在楼上看你。明月装饰了你的窗子，你装饰了别人的梦。

——卞之琳

- 不管别人如何优秀，闪闪发光，那也是别人。虽然自己平平无奇，但是，却是自己人生的主角。

——佚名

名人轶事集

诸葛亮与周瑜，两位三国时期的杰出人物，各自以其非凡的才智在历史长河中留下了深刻的印记。诸葛亮，作为蜀汉的丞相，他不仅能够运筹帷幄，决胜千里，更能在纷繁复杂的政治斗争中保持清醒的头脑和坚定的立场。周瑜，作为东吴的大都督，同样是一位才智过人的领袖。

他在赤壁之战中大展拳脚，以少胜多，创造了军事史上的奇迹。

在《三国演义》等历史文学作品中，周瑜在与诸葛亮的多次交锋时，尝试通过压制诸葛亮来彰显并提升自己的地位与价值。然而，这一策略非但未能如愿以偿，反而使周瑜一步步陷入了更为窘迫的境地。探究其根源，主要在于周瑜对自身才能的认知存在偏差，未能充分意识到自身的优势所在，反倒过度聚焦于诸葛亮，以至于忽视了自身的成长与发展。这种掺杂着一丝对诸葛亮才智的暗暗羡慕与不甘的心态，致使周瑜缺失了应有的大局观念和长远视角，难以正确审视自我与他人，从而成为促使他最终走向失败的一个重要因素。

周瑜的故事告诉我们，真正的智者应该学会正视自己的优点和不足，同时，我们也应该学会正确地看待他人，不要因为过于关注他人而忽略了自己的成长和进步。

心悟践行录

- 反思自己的优点和成就，增强自我认知。认识到每个人都有自己的独特之处和价值，减少与他人的比较。
- 每天记录一些你感到快乐的事情，无论大小。这有助于你更加关注生活中的积极面，减少对他人的羡慕。通过感恩日记，你可以逐渐培养积极的心态，发现生活中的美好。

- 我们并没有什么野心，我们所自豪的就是，我们通过自己的双手，创造了我们自己的生活。我们既不羡慕别人，也不嫉妒别人。

——毛姆

- 永远不要羡慕别人的幸福，不仰望他人的幸福，安然过好自己的日子才是聪明的活法。

——佚名

- 上天发给每个人的剧本都不一样，我们只需要演好自己的角色，没必要去羡慕他人，更不要拿自己的苦跟别人的甜作对比。

——佚名

情绪悦读坊

做一个最好的你

道格拉斯·玛拉赫

如果你不能成为山顶上的高松，
那就当棵山谷里的小树吧，
但要当棵溪边最好的小树。
如果你不能成为一棵大树，
那就当丛小灌木；
如果你不能成为一丛小灌木，
那就当一片小草地。
如果你不能是一只香獐，
那就当尾小鲈鱼，
但要当湖里最活泼的小鲈鱼。
我们不能全是船长，
必须有人来当水手。
这里有许多事让我们去做，
有大事，有小事，
但最重要的是我们身旁的事。
如果你不能成为大道，
那就当一条小路；
如果你不能成为太阳，
那就当一颗星星。

不满是一个承载着变革的滚轮

- 有些人的恨是没有原因的，他们平庸、没有天分、碌碌无为，于是你的优秀、你的天赋、你的善良和幸福都是原罪。

——东野圭吾

- 不满是向上的车轮，能够载着不自满的人类，向人道前进。

——鲁迅

- 奇怪的动物会被保护起来，奇怪的人却遭受排挤。

——伊坂幸太郎

- 人弄坏了自己的胃，总是抱怨伙食。那对生活不满的人也是如此。

——列夫·托尔斯泰

名人轶事集

居里夫人，波兰裔法国科学家，是放射性研究的先驱，也是首位两次获得诺贝尔奖的女性。

在居里夫人的时代，女性科学家面临着诸多挑战和歧视。尽管她的研究成果备受赞誉，但她经常因为性别而受到不公平的对待。居里夫人曾公开表示，她对这种性别歧视感到愤怒和不满，她坚信科学应该超越性别界限，让所有人都有平等的机会去追求和探索。居里夫人说：“我一点也不怕困难，只要我知道在做有意义的事情。”这句话体现了她面对困难和不公的坚韧态度，以及她对追求科学真理的执着信念。居里夫人用实际行动证明了自己的价值，她的成就和坚持成了后来女性科学家的榜样和激励。

居里夫人不仅是一位杰出的科学家，也是一位勇于面对社会不公、坚持自己信念的坚强女性。她的经历和精神激励着无数人，尤其是女性，去勇敢追求自己的梦想，不畏艰难，不惧偏见。

心悟践行录

- 认识到自己的不满情绪可能源于不合理的认知或偏见。通过认知重构，调整自己的思维方式，以更加积极、理性的态度看待问题。
- 随身携带笔记本或使用手机备忘录，随时记录自己产生不满情绪时的变化，描述情绪产生的原因、持续时间、身体反应以及当时的心境。定期回顾情绪日志，分析情绪变化的规律，寻找改善情绪的方法。

- 如果你的前半生过得一塌糊涂，那么你的后半生就要重新洗牌，找回最初的自己，不要怕。

——杨绛

- 我并不期待人生可以过得很顺利，但我希望碰到人生难关的时候，自己可以是它的对手。

——加缪

情绪悦读坊

一封信——给抱怨生活干燥的朋友

徐志摩

你说："风大土大，生活干燥。"这话仿佛是一阵奇怪的凉风，使我感觉一个恐怖的战栗；像一团飘零的秋叶，使我的灵魂里掉下一滴悲悯的清泪。

我的记忆里，我似乎自信，并不是没有葡萄酒的颜色与香味，并不是没有妩媚的微笑的痕迹，我想我总可以抵抗你那句灰色的语调的影响——

是的，昨天下午我在田里散步的时候，我不是分明看见两块凶恶的黑云消灭在太阳猛烈的光焰里，五只小山羊，兔子一样的白净，听着她们妈的吩咐在路旁寻草吃，三个捉草的小孩在一个稻屯前抛掷镰刀；自然的活泼给我不少的鼓舞，我对着白云里矗着的宝塔喊说我知道生命是有意趣的。

感激是一颗深埋心田的种子

- 母子之情是世界上最神圣的情感。

——亚历山大·仲马

- 当你的情绪高涨时，诀窍就是感激，当它的情绪很低时，要感恩。

——理查德·卡尔森

- 我们老是感到缺乏什么东西而不满足，是因为我们对已经得到的东西缺少感激之情。

——丹尼尔·笛福

名人轶事集

韩信，西汉开国功臣、军事家，汉初三杰之一。韩信少年时，家境贫寒，父母双亡，无依无靠。他整日流浪，靠钓鱼度日，常常食不果腹。在那个寒冷的冬日，韩信已经数日未曾进食，在绝望之际，他遇到了在淮水边漂洗丝絮的漂母。漂母见韩信饥饿不堪，心生怜悯，每日将自己的饭食分给他，使他得以存活。韩信对漂母的恩情铭记于心，曾誓言将来若有出头之日，定当重重报答。

时光荏苒，韩信的命运发生了转折。他先是在项羽帐下效力，但未得重用。后来，他转投汉王刘邦，在萧何的力荐下，被拜为大将军。韩信凭借着卓越的军事才能，为刘邦赢得了楚汉战争的决定性胜利，最终助其建立了强大的汉朝。韩信因功被封为淮阴侯，声名显赫。

功成名就的韩信没有忘记那位曾经给予他帮助的漂母。他派人四处寻找，终于找到了年迈的漂母。韩信跪倒在地，泪流满面，向漂母表达了自己的感激之情。他取出千金，赠予漂母，以报答她当年的救命之恩。漂母看着眼前的韩信，感慨万分，她没想到当年那个落魄青年，如今已成为国家的栋梁之材。

韩信曾言："吾以一饭之恩，铭记于心，今以千金相报，乃为仁义之举。"他的这一举动，不仅报答了漂母的恩情，也赢得了世人的敬仰。他用实际行动诠释了知恩图报的真谛。

心悟践行录

- 每天抽出几分钟时间，思考并记录当天让你感到感激的三件事。无论是家人的关爱、朋友的陪伴，还是自然的美好、工作的收获，都值得你去感激。这个习惯能帮助你时刻留意生活中的小美好，培养积极的心态。
- 尝试将注意力放在他人的优点和长处上，而不是过分关注他们的不足或错误。当你开始欣赏和感激他人的美好品质时，你也会更加容易对自己的生活感到满足和感激。
- 将感激之情转化为实际行动，比如通过帮助他人、回馈社会等方式。这种行动不仅能让你的感激之心得到升华，还能让你更加积极地参与到社会生活中去。

- 我的感激之情极为诚笃，势必就有一颗诚笃的爱心，因此，微风稍许爱抚，就在我心中唤起一声感谢。

——纪德

- 常怀感激之情，我就懂得将迎面而来的一切化为快乐。

——纪德

- 我们应该学会感激，只有心存感激，心灵才不会孤单，世界才会变得色彩斑斓。

——佚名

感谢

汪国真

让我怎样感谢你
当我走向你的时候
我原想收获一缕春风
你却给了我整个春天

让我怎样感谢你
当我走向你的时候
我原想捧起一簇浪花
你却给了我整个海洋

让我怎样感谢你
当我走向你的时候
我原想撷取一枚红叶
你却给了我整个枫林

让我怎样感谢你
当我走向你的时候
我原想亲吻一朵雪花
你却给了我银色的世界

感恩是一阵涌动着的暖流

- 波动的生命也是值得感恩的，让我们广增历练、张开慧眼，在老去的时候没有遗憾。

——林清玄

- 生活需要一颗感恩的心来创造，一颗感恩的心需要生活来滋养。

——王符

- 没有人天生该对谁好，所以我们要学会感恩。

——乔斯坦·贾德

- 我望着清晨灰蒙蒙的天空，为空气感恩，为光芒感恩，为人活着感恩。

——卡勒德·胡赛尼

名人轶事集

乔治·卢卡斯，这位好莱坞电影界的巨擘，以《星球大战》系列电影闻名于世。

卢卡斯深知，他的成功离不开无数人的支持和帮助，包括他的家人、朋友、合作伙伴以及广大影迷。因此，他决定将自己的财富和才华用于回馈社会，传承感恩的精神。他设立了卢卡斯教育基金会，致力于推动电影教育和艺术创新。该基金会为有志于电影行业的年轻人提供了宝贵的学习机会和资源，帮助他们实现自己的梦想。卢卡斯曾说：“我深信，我们的成功离不开社会的支持和培养。因此，我有责任将这份感恩之心传承下去，为更多的人创造机会。”

通过卢卡斯教育基金会，卢卡斯不仅实现了自己的社会价值，也激励了更多的人投身于电影教育和艺术创新事业。他的感恩之心和传承精神，成了我们学习的榜样，提醒我们在追求个人成功的同时，也要时刻关注社会的需要，用实际行动回馈社会，传承感恩的精神。

心悟践行录

- 在写感恩日记时，不仅可以记录让你觉得感恩的事物，还可以深入分析这些事物给你带来的正面影响，以及它们如何塑造了更好的你。这种深入分析可以让你更加深入地理解感恩的力量，并激发你对未来的积极期待。
- 将感恩之情融入艺术创作中，如绘画、写作、音乐等。通过艺术表达你的感恩之情，让这份情感得以升华和传递。这种创作不仅能够让你更加深入地体验感恩的美好，还能与他人一起分享这份情感。
- 学会感恩自己，对自己的努力和付出表示肯定。在忙碌和压力之中，给自己一些时间和空间，进行自我关怀和放松。比如，泡一个热水澡、听一首喜欢的音乐、读一本好书等。

- 如果不知感恩，你能行使的力量非常有限，因为让你与力量连结的，正是感恩。

——朗达·拜恩

- 要学会维持你的快乐，不断地感恩，不断地将脸朝向有光的地方。时间长了，你自然学会了和喜悦相处的诀窍。希望你一站出来，就让人能从你身上看到生命的光彩。

——毕淑敏

- 换一种角度去看待人生的失意与不幸，怀着感恩的心生活，生活将赐予你灿烂的阳光。

——佚名

- 忘恩的人落在困难之中，是不能得救的。

——佚名

情绪悦读坊

母亲

泰戈尔

我不记得我的母亲
只是在游戏中间
有时仿佛有一段歌调
在我玩具上回旋
是她在晃动我的摇篮
所哼的那些歌调

我不记得我的母亲
但是在初秋的早晨
合欢花香在空气中浮动
庙殿里晨祷的馨香
仿佛向我吹来母亲的气息

我不记得我的母亲
只是当我从卧室的窗里
外望悠远的蓝天
我仿佛觉得
母亲凝住我的目光
布满了整个天空

赞赏是一束穿透迷雾的光芒

- 的确长得漂亮，细细看去，竟觉得好像有颗小石子，怦然抛入心田尽头。

——村上春树

- 这张脸好像写得很好的第一章，使人想看下去。

——张爱玲

- 魅力对于她就像海有盐、花散香一样天然，或是维纳斯有腰带，爱神有弓。

——拜伦

- 我的心是旷野的鸟，在你的眼睛里找到了它的天空。

——泰戈尔

名人轶事集

在美国文学史上，沃尔特·惠特曼的《草叶集》犹如一颗璀璨之星，以其自由奔放的风格照亮了19世纪诗歌的新道路。惠特曼首创了自由诗的新形式，打破了传统诗歌的束缚，展现出磅礴的气势和广泛的容量。但这种前卫的风格并未得到当时主流社会的认可，批评之声四起，惠特曼心中充满了困惑与失落。

就在此时，散文作家爱默生向惠特曼伸出了援手。爱默生在信中高度赞赏《草叶集》，称其“开启了伟大事业”，并在公众场合为惠特曼辩护，给予他坚定的支持。爱默生的信如同黑暗中的灯塔，为惠特曼指明了方向，让他有了坚持下去的勇气。

惠特曼用毕生精力维护和充实《草叶集》，先后出了九种不同的版本，最终的“临终版”里，诗歌总量达396首。《草叶集》不仅在美国文学界产生了深远影响，更成为世界文学的经典之作。它自由奔放的风格、深刻的思想内涵和广泛的主题范围，吸引了无数读者的喜爱和赞誉。

心悟践行录

- 当看到他人的优秀表现或听到令人振奋的消息时，不要吝惜你的赞美之词。及时向他们表达你的赞赏，无论是口头上的称赞、书面的感谢信，还是通过社交媒体分享。这不仅能激励他人，也能让你感受到给予赞赏的快乐。
- 在家庭生活中，也要学会表达赞赏之情。对家人的付出、努力和成就给予正面的反馈和认可，无论是家务劳动、孩子的学业成绩，还是配偶的职业发展。这种家庭赞赏氛围能够增进彼此之间的情感联系，让家庭生活更加和谐美满。
- 学会欣赏和赞赏不同文化、背景和观点的人。这种对多样性的赞赏能够拓宽你的视野，增强你的包容性，让你更加尊重和理解不同的个体和群体。

- 即使好心地称赞，也必须恰如其分。

——培根

- 认可赞美和鼓励，能使白痴变天才，否定批评和讽刺，可使天才成白痴。

——佚名

- 面对赞扬和激励，一笑而过是一种谦虚清醒，然后不断进取，这是一种力量。

——佚名

情绪悦读坊

《赞美》(节选)

穆旦

走不尽的山峦的起伏，河流和草原，
数不尽的密密的村庄，鸡鸣和狗吠，
接连在原是荒凉的亚洲的土地上，
在野草的茫茫中呼啸着干燥的风，
在低压的暗云下唱着单调的东流的水，
在忧郁的森林里有无数埋藏的年代。
它们静静的和我拥抱：
说不尽的故事是说不尽的灾难，
沉默的是爱情，是在天空飞翔的鹰群，
是干枯的眼睛期待着泉涌的热泪，
当不移的灰色的行列在遥远的天际爬行；
我有太多的话语，太悠久的感情，
我要以荒凉的沙漠，坎坷的小路，骡子车，
我要以槽子船，漫山的野花，阴雨的天气，
我要以一切拥抱你，你
我到处看见的人民啊，
在耻辱里生活的人民，佝偻的人民，
我要以带血的手和你们一一拥抱，
因为一个民族已经起来。

自信是一种坚韧

- 一个人除非自己有信心，否则不能带给别人信心；已经信服的人，方能使人信服。

——麦修·阿诺

- 能够使我飘浮于人生的泥沼中而不致陷污的，是我的信心。

——但丁

- 他显得平和、自信。在我眼里，他就像这块不毛之地上涌出的神秘泉水。

——让·乔诺

- 对善良的自信，也是对生命品质的自信，对人生价值的自信。

——余秋雨

名人轶事集

拿破仑·波拿巴，这位法国历史上最杰出的军事家和政治家之一，以其无与伦比的自信和豪迈著称。他的自信不仅体现在硝烟弥漫的战场上，更渗透在他的日常生活中，影响并激励着无数士兵。

有一次，一位士兵的马匹劳累过度而死，拿破仑见状，立即将自己的战马交给这位士兵，让他继续完成任务。士兵看着眼前这匹华贵的战马，怯懦不已。因为这匹马不仅是拿破仑的坐骑，更是他身份和地位的象征。然而，拿破仑却坚定地告诉他：“世上没有任何一样东西，是法兰西士兵所不配享有的。”这句话，如同一道闪电，瞬间击中了士兵的心房。它不仅是对士兵个人的肯定，更是对整个法兰西军队的赞美。在拿破仑看来，每一个法兰西士兵都是国家的骄傲，都应该享有最好的待遇。这种自信和豪迈，如同熊熊燃烧的火焰，瞬间点燃了士兵心中的斗志。

拿破仑的自信，源于他对自身能力的深刻认知和对胜利的坚定信念。他深知，作为一位领导者，他的一言一行都会影响到士兵的士气。因此，他始终保持着自信的姿态，用自己的行动向士兵们证明：只要有信心，就没有克服不了的困难。

心悟践行录

- 花心思关注自己的成长，学习一项新技能或培养一个兴趣爱好。掌握新技能或在兴趣爱好上取得进步，能够给你带来成就感，提升自我价值感，从而增强自信。
- 无论成就大小，都值得庆祝。当你达成一个目标或应对一个挑战时，不妨给自己一些奖励，比如一顿美食、一次旅行或一件心仪的物品。这种庆祝能够让你更加珍惜自己的努力和成就，增强自信。
- 身体语言是沟通的重要组成部分，它能够传达你的自信和态度。通过练习自信的身体语言，如保持眼神交流、挺直身体、微笑等，你可以更加自信地与他人交流，并在无形中提升自己的影响力。

- 自信与骄傲有异：自信者常沉着，而骄傲者常浮扬。

——梁启超

- 深窥自己的心，而后发觉一切的奇迹在你自己。

——培根

- 一个人若能自信地向他梦想的方向行进，努力经营他所向往的生活，他就可以获得平常意想不到的成功。

——梭罗

情绪悦读坊

你就是你

汪国真

如果你是大河
何必在乎别人把你说成小溪

如果你是峰峦
何必在乎别人把你当成平地

如果你是春天
何必为一瓣花朵的凋零叹息

如果你是种子

何必为还没有结出果实着急

如果你就是你

那就静静微笑 沉默不语

自励是一种觉醒的过程

- 我贫穷，卑微，不美丽，但当我们的灵魂穿过坟墓站在上帝面前时，我们是平等的。

——夏洛蒂·勃朗特

- 每一个不曾起舞的日子，都是对生命的辜负。

——尼采

- 本来无望的事，大胆尝试，往往能成功。

——莎士比亚

名人轶事集

在巨人如林的 NBA 球场上，身高仅 1.60 米的蒂尼·博格斯显得格外矮小。但他从未因身高自卑，反而将别人的质疑化作前进的动力。他自信地说："别人说我矮，反而成了我的动力。我偏要证明矮个子也能做大事情。"

博格斯的篮球之路充满挑战。童年时期，在篮球场上与高个子孩子对抗时，身高差距明显。然而，他从未退缩，把质疑当作动力，不断磨炼球技。1988 年，他被夏洛特黄蜂队选中，踏上职业篮球舞台。尽管身材矮小，但他以非凡的速度、敏捷和智慧在球场上崭露头角。在为黄蜂队效力的几个赛季中，博格斯个人数据亮眼，展现了顽强的斗志和出色的能力，还带领球队取得不俗成绩。

博格斯的故事是篮球传奇，更是精神象征。他用经历告诉我们，自励能让我们超越局限，实现不可能的梦想。无论面对多大困难和挑战，只要拥有坚定信念和不屈毅力，就一定能战胜困难，实现目标。

心悟践行录

- 找到一位你敬佩或视为榜样的人物，了解他们的成功故事和奋斗历程，从中汲取灵感和动力。将榜样的精神内化为自己的动力，激励自己不断向前。
- 深入了解自己，找到那些真正能够激发你内在动机的因素。这些动机可能是对成功的渴望、对自我成长的追求、对他人福祉的关心或对世界做出贡献的愿望。通过明确这些内在动机，你可以更加清晰地看到自己的目标和价值观，从而持续激发内在动力。
- 有时候，面对巨大的目标或任务，我们可能会感到无力或不知从何下手。这时，你可以尝试设定“最小行动单位”，作为你开始行动的起点。例如，如果你想要写一本书，那么你的最小行动单位可能是每天写500个字。通过完成这些微小的步骤，你会逐渐积累动量，增强自信，并激励自己继续前进。

- 成功需要勇气、坚韧和决心。

——玛格丽特·撒切尔夫人

- 你应该不顾一切，纵身跳进那陌生的、不可知的命运，然后，以大无畏的英勇把它完全征服，不管有多少困难在向你挑衅。

——泰戈尔

- 在逆风中把握方向，做暴风雨中的海燕，做不改颜色的孤星。

——余光中

情绪悦读坊

《自我之歌》（节选）

沃尔特·惠特曼

我赞美我自己，歌唱我自己，
我承担的你也将承担，
因为属于我的每一个原子也同样属于你。

我邀我的灵魂出场，
我凭借我自己的力量高举我自己的灵魂，
那是它自己的最高处，我自己的山峰之巅。

无论我走向何方，无论我坐下或站立，
我都将自我完整地携带，
因为别人的谁也不能像一首离群的诗那样行走。

我自给自足，我就是我，
我的存在对于我是充实又美好的，
犹如一条静静流淌的河。

决心是一种点燃行动的助推器

- 既然我已经踏上这条道路，那么，任何东西都不应妨碍我沿着这条路走下去。

——康德

- 我们人人要存着必胜的决心，然而我们也要不怕屡败的挫折。

——郭沫若

- 执着追求并从中得到最大快乐的人，才是成功者。

——梭罗

- 下定决心要做的事，要保持不动声色，却满心澎湃。

——佚名

名人轶事集

在文学界，查尔斯·狄更斯以其深刻的社会洞察和人性描绘而闻名遐迩。然而，他的成功之路却布满荆棘。

童年时期，狄更斯家境普通，后来因父亲债务缠身入狱，生活瞬间跌入谷底。年仅十二岁的他不得不辍学打工，忍受着艰苦的生活条件。但他并未放弃对文学的热爱，在工作之余坚持阅读学习。这段坎坷的经历让他深刻认识到社会的不公，为日后创作积累了丰富的素材。

面对苦难，狄更斯以坚定的决心改变命运。十六岁时，他成为律师事务所的缮写员，后来又担任采访记者，深入了解社会的弊端，积累阅历。尽管未受过正规教育，但他勤奋自学，努力提高文学素养。二十四岁时，他凭借《匹克威克先生外传》一举成名。后续作品如《雾都孤儿》等揭露了社会黑暗，为底层人民发声。狄更斯的成功源于坚定决心和顽强毅力。他曾言："充沛的精力加上顽强的决心，曾经创造出许多奇迹。"他的坚定决心和不懈努力，使他成了文学泰斗。

狄更斯的一生充满坎坷，但他用自身的经历告诉我们，困难并不可怕，只要决心坚定，就一定能战胜困难，实现梦想。他那不屈的决心是一笔宝贵的财富，激励着后人不断前行。

心悟践行录

- 明确目标是树立决心的重要基础。明确目标，为自己蓄力。确立清晰的目标，向着心中那个笃定的方向一步步前进。
- 制定切实可行的计划，仅有目标而无计划，决心很有可能变成空谈。制定详细的行动计划，包括各个阶段的任务、时间安排和应对困难的策略。
- 积极的心态能够增强你的决心。遇到失败和挫折时，不要气馁，而是把挑战看作学习的机会。用积极的语言和想法给自己加油打气，相信自己有能力实现目标。

- 在一个崇高的目标支持下不停地工作，即使慢，也一定会获得成功。

——爱因斯坦

- 志在顶峰的人，绝不会因留恋半山腰的奇花异草，而停止攀登的步伐。

——高尔基

- 生活就像海洋，只有意志坚强的人，才能达到彼岸。

——马克思

情绪悦读坊

滕王阁序（节选）

王勃

老当益壮，宁移白首之心？

穷且益坚，不坠青云之志。

酌贪泉而觉爽，处涸辙以犹欢。

北海虽赊，扶摇可接；东隅已逝，桑榆非晚。

挫败是一种考验

- 每一种挫折或不利的突变，是带着同样或较大的有利的种子。

——爱默生

- 我走过的漫长的道路并不总是铺着玫瑰花的，有时也荆棘丛生。

——季羡林

- 对勇气的最大考验，就是看一个人能否做到败而不馁。

——英格索尔

- 人的生命似洪水在奔流，不遇着岛屿、暗礁，难以激起美丽的浪花。

——奥斯特洛夫斯基

名人轶事集

张海迪，自幼严重高位截瘫，几次濒临死亡的边缘。然而，她凭借顽强的毅力，不仅学会了4门外语，翻译了16万多字的外文著作，获得了哲学硕士学位，还自学了针灸技术，为群众治病1万多人次。她在病魔的折磨下依然做出了巨大的贡献，成为无数人心中的榜样。

逆流而上淬人格，褪去铅华成自我。面对命运的残酷打击，张海迪却从来没有屈服。五岁那年，脊髓血管瘤无情地夺去了她行动自如的能力，但她没有因此而消沉。在信息闭塞甚至有点落后的年代，张海迪凭借着自身对知识的迫切渴望和不屈的精神，在家中自学了小学、中学的全部课程。尽管没有老师的面对面指导，也没有同学们的并肩而行，但她独自一人在知识的海洋中摸索，在知识的海洋里畅游。一本本被翻旧的书籍，一张张写满笔记的纸张，都是她努力的见证。张海迪先后创作出了《是颗流星，就要把光留给人间》《鸿雁快快飞》《生命的追问》等佳作，凭借着坚定的意志和斐然的文采，张海迪也被誉为“中国的保尔”，在文坛占据一席之地。

“即使翅膀断了，心也要飞翔。”这是张海迪面对挫折时的名言，也是她人生的真实写照。她就像一只折翼的天使，虽然身体被束缚，但心灵却自由自在地翱翔在广阔的天空。

心悟践行录

· 首先要学会保持冷静和理智。情绪的波动往往会让我们做出冲动的决定，只有冷静下来，才能客观地分析问题，找到解决问题的有效方法。

· 调整期待。适度的期待能够让我们更加专注，而过度期待时，我们往往会更加焦虑和拖延，过高的期待是可能脱离实际的，它带来的可能是失败，或者更快地选择放弃。

· 保持良好的心态，面对挫败，更要学会爱自己、相信自己。阳光总在风雨后，没有人能一生不犯错，失败只是暂时的，它并不代表你的能力或价值。从失败中吸取教训，总结经验，才能在未来的道路上走得更稳、更远。

- 我从来不知道什么是苦闷，失败了再来，前途是自己努力创造出来的。

——徐特立

- 人生布满了荆棘，我们想的唯一办法是从那些荆棘上迅速跨过。

——伏尔泰

- 我觉得坦途在前，人又何必因为一点小障碍而不走路呢？

——鲁迅

情绪悦读坊

我来到这世上为的是看太阳

巴尔蒙特

我来到这个世界为的是看太阳和蔚蓝色的原野。
我来到这个世界为的是看太阳和连绵的群山。
我来到这个世界为的是看大海和百花盛开的峡谷。
我与世界面对面签订了和约。
我是世界的真主。
我战胜了冷漠无言的忘川，
我创造了自己的理想。
我每时每刻都充满了启示，
我时时刻刻都在歌唱。
我的理想来自苦难，
但我因此而受人喜爱。
试问天下谁能与我的歌声媲美？
无人、无人媲美。
我来到这个世界为的是看太阳，
而一旦天光熄灭，
我也仍将歌唱……
我要歌颂太阳
直到人生的最后时光！

失望是一种喑哑

- 你知道的，当一个人情绪低落的时候，他会格外喜欢看日落。

——安东尼·德·圣-埃克苏佩里

- 世上的事情都经不起推敲，一推敲，哪一件都藏着委屈。

——刘震云

- 经历风雨，读透世间炎凉，你心依旧，谁又明你情长。

——佚名

- 曾图你的温暖怀抱，却只得冷漠背影，如今我明白，真心应自给自足。

——佚名

名人轶事集

塞万提斯，西班牙16世纪的杰出作家、剧作家、诗人，他的一生犹如一部充满坎坷的传奇。

出身贫寒的他，早年便遭遇命运的无情打击。22岁参军时，左手不幸致残，但这并未磨灭他对生活的热情。随后，他更是被海盗俘获，沦为奴隶，在暗无天日的岁月里苦苦挣扎。历经五年囚禁，家人终于用重金将他赎回。重获自由后，塞万提斯却依然被贫困所困扰，四处漂泊。然而，在这样艰难的环境中，他未曾放弃对文学的执着追求。在失望的深渊中，他发出“今天的失败孕育着明天的成功”掷地有声的呐喊，创作出了举世闻名的《堂吉诃德》。

这部作品以幽默诙谐的笔调，讲述老骑士堂吉诃德及其仆从桑丘的荒诞冒险。看似荒谬的故事背后，实则蕴含着深刻的社会批判与人文关怀。塞万提斯通过堂吉诃德的形象，表达了自己对理想与信念的坚守，同时也对当时社会的种种弊端进行了辛辣的讽刺。

尽管命运多舛，塞万提斯却从未向挫折低头，在无尽的困境中孕育出伟大的作品。《堂吉诃德》的出版，为他赢得了崇高的声誉，使他成为世界文学史上不朽的丰碑。

心悟践行录

- 保持积极向上的心态和信念，道阻且长，但只要我们心中有光，行将致远。勇敢面对困难，就能在名为“失望”的旋流中踏浪前行。
- 接受现实，失望往往源于期望与现实之间的差距，我们必须承认这种差距的存在，而不是逃避或否认。接受失望的情绪，就如同接受四季更替的自然规律一般，是心灵成熟的标志。
- 人生不如意事十有八九，一直沉浸在失望的情绪里只会让困境加剧。此时，培养积极的心态尤为重要。可以通过阅读、运动、与亲友交流等方式，转移注意力，让心灵得到慰藉。

- 除了生老病死，人生里真正重要的事，其实没有几件。没必要为了小事愁容满面，也没必要去跟小人争个长短。记得对自己好点儿。

——鹿满川

- 世间从不缺少辉煌的花冠，缺少的是被花冠晕染后的淡定。

——季羡林

- 你不一定非要长成玫瑰，你乐意的话做茉莉，做雏菊，做无名小花，做千千万万。

——佚名

情绪悦读坊

《我们甚至遗失了黄昏》（节选）

巴勃罗·聂鲁达

我们甚至遗失了黄昏
今晚没人看到我们手牵手
当蓝色的夜幕降临
我透过窗户看到
远处山巅间的夕阳
那一片彩霞照耀的太阳
像一枚硬币在我双手间燃烧
此刻，你在哪里呢？
还有谁和你在一起？
都说些什么呢？

无力是一种两难的状态

- 一个人一旦身陷痛苦的深渊，除了靠勇气，就别无可恃。

——司汤达

- 摆又摆不烂，卷又卷不赢，躺又躺不平，于是这碗夹生饭，我咽了又咽。

——佚名

- 我感到自己的渺小，无力掌控命运。

——佚名

- 我如同一只被囚禁的鸟，翅膀虽在，却无力飞翔。

——佚名

名人轶事集

在绿茵场上，C罗曾是不可一世的天才，他的速度、力量、技巧，让无数对手望尘莫及。然而，时间这位最公正的裁判，终究还是在C罗身上留下了痕迹。当39岁的他站在2024年欧锦赛的赛场上，那些“差一点”的瞬间，让人深刻感受到这位传奇球星的无力感。

2004年欧锦赛，19岁的C罗在家门口的决赛中泣不成声，那时的他充满不服输的斗志。2016年，31岁的他在决赛中受伤离场，掩面痛哭，满是不甘。到了2024年，主罚点球被扑，结束了主罚点球21连中，掩面哭泣。这泪水里，是有对身体机能下降的无奈，有自我信念的动摇，还有步入中年的无力感。春风若有怜花意，可否许我再少年？在比赛中，他头球争顶差一点就顶到、任意球差一点就射进、小角度攻门差一点就打进，这些“差一点”仿佛是他职业生涯末期的缩影。曾经的长途奔袭、“泰山压顶”的高空头球、极速下坠的“电梯任意球”，如今正一点点离他而去。

尽管如此，他在加时赛后的点球大战中依然勇敢地站在点球点前，将球踢进死角，直面压力与无奈，这种精神令人钦佩。

C罗自己也深知年龄带来的变化：“随着年龄增长，我们开始失去一些能力，所以努力和适应很重要。”为了保持高水平的竞技状态，他不断地投入和努力，这也是他能够在最高水平赛事踢了20年的原因。然而，即使他做出了最大的努力，身体机能的衰退仍是无法抗拒的自然规律。但无论岁月如何侵蚀他的体能，他的体育精神从未被磨灭。

心悟践行录

- 选择适合自己的目标，是战胜无力感的第一步。如果你发现自己每天在无法控制的事情上耗费大量精力，不妨试着调整方向，专注于那些能够通过努力达成的小目标，每天进步一点点，逐步积累成就感。
- 接受自己的不足，但接受不代表就此放弃努力，而是在接受的基础上，做好眼前的事情，把注意力放在即时可以控制的事情上。只要不断努力，事情总会迎来转机，柳暗花明。

- 苦难既然把我推到了悬崖的边缘，那么就让我在这悬崖的边缘坐下来，顺便看看悬崖下的流岚雾霭，唱支歌给你听。

——史铁生

- 那些杀不死你的，终将使你变得更强大。

——尼采

- 我要扼住命运的咽喉，它妄想使我屈服，这绝对办不到。

——贝多芬

- 黑夜无论怎样悠长，白昼总会到来。

——莎士比亚

情绪悦读坊

《明天醒来我会在哪一只鞋子里》（节选）

海子

我在黄昏时坐在地球上

我这样说并不表明晚上我就不在地球上

早上同样

地球在你屁股下

结结实实

老不死的地球你好

或者我干脆就是树枝

我以前睡在黑暗的壳里

我的脑袋就是我的边疆

就是一颗梨

在我成型之前

我是知冷知热的白花

或者我的脑袋是一只猫

安放在肩膀上

造我的女主人荷月远去

成群的阳光照着大猫小猫

我的呼吸一直在证明

树叶飘飘

我不能放弃幸福

或相反

我以痛苦为生

埋葬半截

来到村口或山上

我盯住人们死看

呀，生硬的黄土 人丁兴旺

喜悦是一种蓬勃的生命力

- 感到自己是人们所需要的和亲近的人——这是生活最大的享受，最高的喜悦。

——高尔基

- 我相信自己，生来如同璀璨的夏日之花，不凋不败，妖冶如火，承受心跳的负荷和呼吸的累赘，乐此不疲。

——泰戈尔

- 黄油饼是甜的，混着的眼泪是咸的，就像人生，交杂着各种复杂而美好的味道。

——佚名

名人轶事集

马云，阿里巴巴集团创始人。1995 年，马云首次接触到互联网，尽管当时他对电脑一窍不通，但他敏锐地意识到互联网所具有的巨大潜力，这给他带来了极大的兴奋和喜悦，也激发了他的创业灵感。回国后，他创建了中国黄页，虽然这次尝试未能成功，但他对互联网的热情和信心并未减灭。

1999 年，马云与他的团队在杭州成立了阿里巴巴，开始了他与阿里巴巴的伟大征程。在创业初期，尽管面临资金短缺、人才匮乏等诸多困难，但马云凭借其独特的人格魅力和卓越的领导才能，吸引了众多志同道合的伙伴加入，他们共同分享着对未来的憧憬和创业的喜悦，共同熬过了这段最艰难的岁月。

马云相信“喜悦的力量非常大，它能让你的团队跟你走，让你的家人相信你”。2003年，阿里巴巴推出淘宝网，打破了电子商务市场的格局，逐渐发展成为中国乃至全球最大的电商平台之一。

2014年，阿里巴巴在美国纽约证券交易所成功上市，成为全球最大的IPO之一，马云的名字也因此响彻全球。这一刻，不仅是马云个人的成功，更是对整个团队多年努力和付出的肯定，他们共同分享着这份喜悦和荣耀。

心悟践行录

- 为自己的成就和喜悦设定一些庆祝方式，如买一份心仪已久的礼物、享受一顿美食或安排一次旅行。这样的奖励能让你更加珍惜和感恩自己的努力与收获。
- 可以考虑将这份喜悦分享出去，但同时要保持谦逊和低调。避免在分享时炫耀或贬低他人，尊重每个人的感受，让喜悦成为连接你与他人的桥梁，而不是隔阂。

- 在吃饭、睡觉、运动的时候，心中坦然，精神愉快，乃是长寿的秘诀之一。

——培根

- 真正的喜悦不是来自物质的满足，而是来自内心的平和与充实。

——佚名

- 追求欢乐，欢乐将逃跑；逃避欢乐，欢乐将追随你。

——佚名

情绪悦读坊

你的生活正如你所愿

唐钠·莱文

你的未来会如你所愿星光璀璨
未来光明的你不应为过去的黑暗所羁绊
今天的你会翻开崭新的一页
这一页你有无限的可能去做自己
今天将是新的确幸
新的方向，新的邂逅的开始

相信自己
你有足够的力量让自己知足常乐
感受爱意，享受欢愉
今天要接纳自己
让自己被必要的爱与耐心包裹
最重要的，今天仍是你热烈奔向光明的日子

敬佩是一抹闪耀在心田的光辉

- 我敬佩简单的快乐，那是复杂的最后避难所。

——佚名

- 敬佩是一种美德，它让我们感受到他人的优点，也让我们更加善良、宽容。

——佚名

名人轶事集

科比·布莱恩特，作为篮球界的一位标志性人物，他的成功之路离不开对迈克尔·乔丹的深深敬佩。这份敬佩，成了科比篮球生涯中不可或缺的一部分，激励着他不断前行，追求更高的篮球境界。

科比自幼便对篮球抱有极大的热情，而乔丹，这位篮球场上的传奇人物，无疑是科比心中的偶像和标杆。科比通过观看乔丹的比赛录像，学习他的每一个动作和技巧，乔丹的每一次突破、每一次得分，都深深印刻在科比的脑海中，成为他努力追赶的方向。科比曾说："我会看乔丹的比赛录像，一遍又一遍，直到我能模仿他的每一个动作。"他花费大量的时间进行个人训练，不断磨炼自己的技术和体能，力求在比赛中展现出最佳的状态。科比的努力和坚持，让他在篮球场上逐渐崭露头角，成为NBA联盟中的一颗耀眼明星。他曾说："你见过凌晨四点的洛杉矶吗？我见过。”这句话充分展示了科比对于篮球的热爱。

科比的故事告诉我们，真正的成功并非一蹴而就，而是需要付出无尽的汗水和不懈的努力。对偶像的敬佩，可以成为我们前进的动力，但更重要的是，我们要将这份敬佩转化为实际行动，不断挑战自我，追寻属于自己的辉煌。

心悟践行录

· 在表达敬佩时，可以提到你与敬佩对象之间的共同点，如兴趣、经历或价值观等。这有助于拉近彼此的距离，使你的赞美更加自然和亲切。

· 如果你敬佩的对象是公众人物或知名人士，可以通过分享他们的故事、成就或价值观来表达你的敬佩。这不仅能传递你的敬仰之情，还能启发和激励更多人。

· 将敬佩转化为行动的力量，以敬佩对象为榜样，努力提升自己的能力和品质。通过实际行动来表达你的敬佩，并让对方看到你的努力和进步。

- 无论做什么事业，首先要敬业，唯有敬业才会被人赏识和敬佩，才会更能显示一个人的职业道德，也能树立一个人的人格尊严。

——佚名

- 交好运令人羡慕，而战胜厄运令人敬佩。

——塞内加

- 我敬佩那些能够超越自我，不断追求进步和成长的人。

——佚名

情绪悦读坊

蜀相

杜甫

丞相祠堂何处寻？锦官城外柏森森。
映阶碧草自春色，隔叶黄鹂空好音。
三顾频烦天下计，两朝开济老臣心。
出师未捷身先死，长使英雄泪满襟。

激励是一种向上之力

- 生活不可能像你想象的那么好，但也不会像你想象的那么糟。

——莫泊桑

- 一星陨落，黯淡不了星空灿烂。一花凋落，荒芜不了整个春天。

——巴尔扎克

- 所谓无底深渊，下去也是前程万里。

——木心

- 万物皆有裂痕，那是光照进来的地方。

——莱昂纳德·科恩

名人轶事集

唐代诗人李白幼时聪慧过人，却生性好动，缺乏耐心。在求学的道路上，他常常半途而废，心猿意马。有一天，李白读书读到一半，感到厌烦，便将书本一抛，溜出门去玩耍。他在城外漫无目的地走着，突然听到一阵“嚓，嚓，嚓”声。好奇心驱使下，他循声走去，只见一位白发苍苍的老婆婆正坐在小板凳上，全神贯注地磨着一根粗大的铁棒。

李白蹲下身子，好奇地问：“老婆婆，您这是在做什么呀？”老婆婆抬起头，微笑着回答：“我要把这根铁棒磨成一根绣花针。”李白惊讶不已：“这么粗的铁棒，怎么可能磨成细细的绣花针呢？”老婆婆坚定地说：“只要功夫深，铁杵磨成针。只要我不间断地磨下去，总有一天能磨成绣花针的。”老婆婆的话激励了李白。

他意识到，无论读书还是做其他事情，只要坚持不懈，就一定能够取得成功。从此，李白告别了往日的懒散，潜心读书，刻苦钻研。年复一年，李白在书海中遨游，积累了丰富的学识。他的诗歌才华逐渐显露，作品充满了豪放洒脱的气息，最终成为中国历史上一位伟大的诗人。他的诗篇流传千古，深受人们喜爱。

心悟践行录

- 明确的目标是自我激励的第一步。目标应具体、可衡量，并具有挑战性，能够激发你的想象力和行动力。
- 分解目标，化整为零。将大目标分解为小目标，再将小目标细化为具体任务。这样可以降低心理负担，使目标更具可实现性。
- 离开舒适区，不断挑战自己，尝试新事物。舒适区虽然安逸，但不利于个人成长。主动寻求挑战，可以激发潜能，促进自我提升。

- 成功的秘诀，是在养成迅速去做的习惯，要趁着潮水涨得最高的一刹那，不但没有阻力，而且能帮助你迅速地成功。

——劳伦斯

- 一尘不染不是没有尘埃，而是尘埃任它飞扬，我自做我的阳光。

——林清玄

- 想象困难做出的反应，不是逃避或绕开它们，而是面对它们，同它们打交道，以一种进取的和明智的方式同它们奋斗。

——马克斯威尔·马尔兹

- 一个人至少拥有一个梦想，有一个理由去坚强。心若没有栖息的地方，到哪里都是在流浪。

——三毛

- 风可以吹起一大张白纸，却无法吹走一只蝴蝶，因为生命的力量在于不顺从。

——冯骥才

情绪悦读坊

希望

胡适

我从山中来，带得兰花草。
种在小园中，希望开花早。
一日望三回，望到花时过。
急坏种花人，苞也无一个。
眼见秋天到，移花供在家。
明年春风回，祝汝满盆花。

保持中立是一种担当

- 与怪物战斗的人，应当小心自己不要成为怪物。当你远远凝视深渊时，深渊也在凝视你。

——尼采

- 我无权去评判他人的生活，我只能为自己做出判断。

——赫尔曼·黑塞

- 中立是你能以自己的脊椎挺住，以你自己的脚跟站起，在这无情又无义、无法又无天的冷酷的地。

——佚名

名人轶事集

国际政坛上，德国首位女总理安格拉·默克尔以其标志性的冷静和中立态度脱颖而出。她所展现的政治智慧不仅深植于德国土壤，更对欧洲乃至全球政治格局产生了深远影响。

默克尔曾言："在政治决策中，中立不是一种立场，而是一种责任。它要求我们在面对复杂问题时，能够超越短期利益和党派之争，全面权衡各方利益。" 她的中立并非源于冷漠或逃避，而是一种深思熟虑后的果敢选择。

无论是在处理欧债危机时，还是在制定难民政策上，默克尔始终力求找到平衡点，兼顾各方利益，展现出卓越的领导才能。默克尔的中立态度并不是毫无意义的妥协，而是基于各方利益的深刻理解和全方位权衡。她坚持以对话协商的态度解决争端，推动合作与共赢。

在默克尔的带领之下，德国在国际舞台上发挥重要的积极作用，为世界的和平与发展做出积极卓越的贡献。2021 年 10 月 26 日，默克尔正式卸任总理一职。2022 年 8 月，联合国教科文组织授予默克尔和平奖，表彰其促进、寻求、维护和平做出的重要贡献。默克尔的中立精神是一种大智慧，值得我们借鉴与学习。

心悟践行录

· 在面对他人的挑战时，可以冷静地审视问题，尊重每个人的观点和选择，同时坚守自己的信念和原则。无论外界如何变化，都要保持内心的强大与稳定，展现出一种从容不迫的态度。

· 不迎不拒的态度，可以让自己有机会更全面地了解事情的真相和背后的原因，从而更好地处理问题，保持心态的平和与宽容。

- 自立自重，不可跟人脚迹，学人言语。

——陆九渊

- 我不同意你的观点，但我誓死捍卫你说话的权利。

——伏尔泰

- 保持友谊的最好办法就是任何事情也不假手于他，同时也不借钱给他。

——保罗

情绪悦读坊

中立

李希圣

渡辽车马日纷纷，袖手看人古未闻。
国是近来徒尔尔，妖言吾亦欲云云。
事前表饵非无计，局外雌雄尚未分。
闻道临边诸将语，太平援例论功勋。

无感是一种释然的状态

- 热闹是他们的，我什么也没有。

——朱自清

- 无感并非空虚，只是心灵轻触。

——佚名

- 对一切无感，是因为心中已有万物，还是本就空无一物。

——佚名

名人轶事集

陶渊明，东晋著名文学家、田园诗人。公元405年秋，他为了养家糊口，来到离家乡不远的彭泽当县令。上面派傲慢官员来视察，侍从提醒陶渊明穿戴整齐、谦恭接待，他不愿趋炎附势，感叹“宁肯饿死，也不为五斗米折腰”，毅然辞职，离开官场，此后过上自给自足的田园生活。

田园生活虽艰辛，却给了陶渊明心灵足够的自由。他种豆南山，饮酒赋诗，与自然为伴，“采菊东篱下，悠然见南山”，他为自己辟下了心中的一隅幽境，句中描绘自然美景和农人生活，表达对名利无感、追求自由自在的情怀。

陶渊明的“不为五斗米折腰”成为中国知识分子刚直不阿、不趋炎附势的写照，其生活态度和诗歌风格对后世影响深远。在当今快节奏的社会，陶渊明的生活态度更具现实意义，提醒我们在忙碌中寻找内心的宁静。片刻的宁静会让我们重回专注，更好地去拼搏、去奋斗。

心悟践行录

- 遇到事情，慢慢学习将个人情感与事件本身分离，以旁观者的角度观察和分析，减少情绪的直接卷入。
- 当情绪升起时，将注意力从情绪本身转移到其他事物上，如工作、学习或兴趣爱好，减少情绪对当下的影响，达到一种相对“无感”的状态。

- 爱憎不栖于情，忧喜不留于意，泊然无感而体气和平。

——嵇康

- 很多所谓辉煌的人生，不过是欲望的囚徒。

——叔本华

- 如果有人问：幸福吗？我只能回答：或许。因为所谓理想，到头来就是这么回事。

——村上春树

- 无感是一种修行，需要耐心和坚持去谱写自己的内心景观。

——佚名

情绪悦读坊

我是无名之辈！你是谁？

艾米莉·狄金森

我是无名之辈！你是谁？

你也是默默无闻之辈吗？

那我们真是天生一对！

别说出去！他们会大肆宣扬——你知道的！

身为“某人”多么乏味！
就像青蛙一样暴露于众目睽睽之下——
在漫长的六月里不断报出自己的名字——
给一个满怀敬意的泥潭听！

沉思是一种淬炼的过程

- 活得通透的人，没有特别想维持的关系，也没有特别想要的东西，走近的人不抗拒，离开的人不强留，就连吃亏也懒得计较。

——杨绛

- 有思考力的人生才是真正光明的人生。我们学会反躬自问，学会与人为友，学会与世和谐，更学会与自己和谐。

——马克·奥勒留

- 宇宙间许多至理妙谛，寄寓于极平常微细的事物中，往往被粗心浮气的人们忽略过。

——朱光潜

名人轶事集

伯特兰·罗素，英国著名哲学家、数学家、逻辑学家。

有一次，罗素在朋友拜访时，凝望花园沉思。被问及所想，他回答道："与科学家交谈，我觉得幸福无望；与花园对话，我相信人生充满阳光。"罗素通过与自然对话寻得心灵慰藉。他的故事告诉我们，"沉思是寻找生命意义与幸福的过程"。真正的幸福并非源自外在的拥有，而是源自内心的满足与平静。罗素以其深刻的洞察力和独到的见解，为我们揭示了幸福的本质和追求之道。

现代社会中，人们常被快节奏生活所裹挟，从而忽略掉内心深处的声音。罗素凝视花园的沉思，如镜子映照出我们失去的内心平静。与花园对话蕴含与自然和谐共处的智慧，自然给予的心灵滋养，让我们在喧嚣中找到宁静的港湾。

真正的幸福源自内心的丰盈与幸福，从内心深处汲取向上的力量，在自己的世界里绽放出璀璨而耀眼的光芒。

心悟践行录

- 为自己创造一个安静、无干扰的环境，有助于集中注意力和深入思考。确保周围环境舒适，减少外界噪声和干扰，让自己更容易进入沉思状态。
- 在开始沉思之前，明确自己想要思考或解决的问题。设定一个清晰的目标，有助于引导思维方向，避免思绪漫游。
- 借助沉思引导音频，这些音频通常包含舒缓的音乐和引导性的语言，有助于引导你进入沉思状态。在使用音频时，选择适合自己风格和节奏的引导，以便更好地沉浸其中。

- 我忍耐地回想或思考任何悬而不决的问题，甚至连费数年在所不惜。

——达尔文

- 思考应当走到众人前面去，愿望不妨留在后面。

——富兰克林

- 智慧的花朵开放在勤劳的枝头，愚昧常常被慵懒的沉思所淹没。

——佚名

情绪悦读坊

当你老了

威廉·巴特勒·叶芝

当你老了，头发白了，睡意昏沉，
炉火旁打盹儿，请取下这部诗歌，
慢慢读，回想你过去眼神的柔和，
回想它们昔日浓重的阴影；

多少人爱你青春欢畅的时辰，
爱慕你的美丽，假意或真心，
只有一个人爱你那朝圣者的灵魂，
爱你衰老了的脸上痛苦的皱纹；

垂下头来，在红光闪耀的炉子旁，
凄然地轻轻诉说那爱情的消逝，
在头顶的山上它缓缓踱着步子，
在一群星星中间隐藏着脸庞。

绝望是一座深渊

- 绝望的人没有故乡。

——阿尔贝·加缪

- 这个世界上，原来有那么多凭人力无法对抗的事情，仿佛绝望的墙壁。

——太宰治

- 绝望是一座深渊，蛰伏在漫长的时光里。

——佚名

名人轶事集

几米是台湾著名的绘本作家，以其独特的绘画风格和深具哲理的文字赢得了全球读者的喜爱。

1995年，37岁的几米被诊断出患有血癌，这一突如其来的打击让他陷入了深深的绝望。面对生命的脆弱，几米并没有沉沦。他凭借对生命的热爱和艺术的执着，在与病魔抗争的过程中创作出了一系列感人至深的作品。《我的心中每天开出一朵花》便是这一时期的代表作之一，记录了他在绝望中寻找希望的点点滴滴。几米曾在作品中写道：“我总是在最深的绝望里，遇见最美丽的惊喜。”这句话不仅是他个人心路的真实写照，也激励着无数人在困境中勇敢前行。

几米用画笔和文字细腻地描绘了生命的脆弱与坚韧。他的作品如同一束光，穿透了黑暗，照亮人们的心灵。在《森林里的秘密》《向左走·向右走》《地下铁》等作品中，他通过简洁的文字和充满想象力的图像，讲述了一个又一个触动人心的故事。这些作品不仅让几米成为一名备受瞩目的艺术家，更让他的读者在阅读中找到了共鸣与力量。

最终，几米凭借顽强的意志力战胜了病魔，重新找回生活的色彩。几米用他的艺术之花，装点了无数人的生命之旅。

心悟践行录

- 回顾自己的经历，思考导致自己感到绝望的原因，与家人朋友倾诉并寻求建议，尝试从中吸取教训和经验，以便在未来更好地应对类似情况。
- 走出绝望是一个渐进的过程，需要时间和努力。不要期望立即看到结果，而是保持耐心和坚持，即使进展缓慢，也要记录下自己的每一次小进步。这有助于你看到自己的成长，并在艰难时刻提供动力。

- 只要脊梁不弯，就没有扛不起的山。

——洪战辉

- 最困难的时候，也就是离成功不远的时候。

——拿破仑·波拿巴

- 使我一次又一次成长的动力，都是当年我所反抗、所不肯承担的逆缘和逆境。

——三毛

- 生活在巅峰上，就意味着生活在深渊附近。人必须摔倒，才能抵达巅峰。

——渥波尔

情绪悦读坊

蝶恋花·阅尽天涯离别苦

王国维

阅尽天涯离别苦，
不道归来，
零落花如许。
花底相看无一语，
绿窗春与天俱莫。

待把相思灯下诉，
一缕新欢，
旧恨千千缕。
最是人间留不住，
朱颜辞镜花辞树。

轻蔑是一种认知偏差

- 明言着轻蔑什么人，并不是十足的轻蔑。惟沉默是最高的轻蔑。最高的轻蔑是无言，而且连眼珠也不转过去。

——鲁迅

- 大胆去做，不要怕，没有人在乎。就算有人在乎，人又算什么东西。

——毛姆

- 他只是激起了轻蔑，没有轻蔑克服不了的命运。

——阿尔贝・加缪

- 不要轻视你的敌人，因为他们也可能是朋友。

——佚名

名人轶事集

在中国现代文学史上，鲁迅先生以犀利的笔触著称，也以独特方式表达轻蔑。他曾言：“最高的轻蔑是无言，且连眼珠也不转过去。”这一态度在面对林庚白的无端攻击时尽显。

1929 年，林庚白突然造访鲁迅上海寓所，却吃闭门羹。许广平告知鲁迅不在家，林庚白恼羞成怒，写信附诗痛骂，言辞傲慢无礼。鲁迅仅淡淡记下：“晚林庚白来信谩骂。”未予回应。林庚白又寄侮辱诗作，鲁迅依旧沉默，未在日记中提及。

几年后，林庚白又撰文攻击鲁迅作品，鲁迅未公开反驳，仅在私人信件中轻描淡写提及："林公庚白之论，亦非知言。"这种无言轻蔑是鲁迅的最高回应，以沉默表明态度：无端指责谩骂，最好回应是不理睬，连目光也不愿施舍。

鲁迅对此的态度展现个人修养气度，更揭示轻蔑的真谛：无言漠视胜过激烈争吵。喧嚣世界中，保持沉默是一种强大力量。在当下社会，我们亦能从鲁迅先生的这种态度中汲取智慧。

心悟践行录

- 我们每个人都有可能受到先入为主的偏见影响。意识到这一点，并努力识别并克服这些偏见，是尊重他人的重要一步。当你发现自己对某人或某群体有负面刻板印象时，提醒自己这些可能是不准确的，并尝试以更开放和客观的态度去看待他们。
- 将注意力转移到自我成长和提升上，而不是过分关注他人的不足。通过不断学习新知识、提升自我修养，你会更加谦逊和尊重他人。
- 如果你发现自己对他人表现出了不尊重的行为或言论，不要害怕承认错误并道歉。真诚地道歉并承诺改进是展现尊重的重要一步。同时，也要学会接受他人的道歉，并给予他们改正的机会。

- 你要批评指点四周风景，你首先要爬上屋顶。

——歌德

- 真正的智慧在于认识到自己的无知，并尊重他人的知识。

——佚名

- 轻蔑别人的人是没有真心朋友的。

——佚名

情绪悦读坊

死神，你莫骄傲

约翰·多恩

死神，你莫骄傲，
尽管有人称你强大又可怕，
但你并非如此；
因为那些你以为你摧毁的人，
死神啊，他们并未死去，而是活着：
他们活在我们心中，而我们活在他们的记忆里，
永不分离，
因为我们都是你的：我是那股力量的一部分，
那股造就你力量的源泉；就像碎片落下，
并非没有它原本所属的整体，那整体依然屹立不倒。

你是命运、偶然、君王和绝望之人的奴隶，
你与毒药、战争和疾病为伍，

罂粟花或咒语同样能让我们沉睡，

甚至比我们经历你的一击后沉睡得更深沉；

那你为何还要嚣张？

一旦短暂地沉睡过去，我们便永恒地醒来，死神将不复存在；

死神，你也将死去。

厌倦是心灵上的一个枷锁

- 厌倦生活，是因为你停止了成长。

——尼采

- 欲望，总是以厌倦收场。

——加缪

- 厌倦是灵魂的疾病，它侵蚀着我们的热情和活力。

——佚名

- 生活如常响起的闹钟，每日提醒厌倦之始。

——佚名

名人轶事集

明代著名画家、文人唐寅，字伯虎，号六如居士、桃花庵主。他自幼聪明伶俐，却命运多舛。20余岁时，家中连遭不幸，父母、妻子、妹妹相继离世。在好友祝枝山鼓励下潜心读书，29岁时参加应天府公试，得中第一名 “解元”。但30岁赴京会试，却卷入考场舞弊案，被削除仕籍，贬为县衙小吏。这成为他人生的转折点，他对官场失望，绝意仕途，决定以卖画为生。

唐寅的画作师法南宋李唐、刘松年，兼采元人画法，自成一格。山水画布局严谨，墨色淋漓；人物画细腻传神；花鸟画长于水墨写意，活泼洒脱。他的诗歌情感真挚，语言质朴，如《桃花庵歌》中“但愿老死花酒间，不愿鞠躬车马前”表达了他对自由隐逸生活的向往和对官场生活的厌倦。

晚年的唐寅生活虽贫苦困顿，但保持乐观豁达。他在桃花坞筑室而居，与诗画为伴。54 岁时因病去世，结束坎坷而传奇的一生。

心悟践行录

- 首先，尝试识别让你感到厌倦的具体原因。是日常生活单调，还是缺乏个人成长的机会？明确问题所在是走出厌倦的第一步。为自己设定一些短期和长期的目标，这些目标可以是个人兴趣上的或是健康方面的，从而激发你的内在动力。
- 创造力是激发新想法和热情的关键。尝试阅读各种类型的书籍、观看纪录片、参加讲座或其他能够激发你创意的活动，通过表达自己的独特性，你可以发现新的乐趣和满足感。
- 挑战一些你从未做过的冒险活动，如跳伞、潜水或旅行到陌生的地方。这些冒险经历将激发你的勇气和好奇心，帮助你走出厌倦，发现生活的无限可能。

- 在令人厌倦的旅途上，一个性格明快的伙伴胜过一乘轿子。

——查尔斯·里德

- 人要避免灾祸的最好办法，莫如增长自己的心灵财富，人的心灵财富愈多，厌倦所占的地位就愈小。

——叔本华

- 世界上只有一种真正的英雄主义，那就是在看清生活的真相后，依然热爱生活。

——罗曼·罗兰

- 厌倦不是终点，而是自我探索的起点，换个角度看，世界依旧绚烂。

——佚名

情绪悦读坊

哦不，我并不厌倦生活

普希金

哦不，我并不厌倦生活，
我爱生活，我的人生还要继续
虽然青春已失去，
可心儿还温热。
还能感受到那幸福，
因为我的好奇，
因为可爱的想象梦，
因为所有的感悟。

矛盾是一种相互渗透

- 打翻了牛奶，哭也没用，因为宇宙间的一切力量都在处心积虑要把牛奶打翻。

——毛姆

- 命运和性情，是同一个概念的两个名字。

——赫尔曼·黑塞

- 所有的事物由不同的对立面构成。

——佚名

- 世上美与丑、贵与贱之间的不可思议的对比是永远存在的。

——佚名

名人轶事集

“矛与盾”的故事出自韩非子的著作《韩非子·难一》。故事讲述了一个楚国人同时售卖矛和盾，他夸赞自己的盾坚固无比，“物莫能陷也”，任何武器都无法刺穿；又夸耀自己的矛锋利无比，“于物无不陷也”，能够刺穿一切。当有人问用他的矛刺他的盾会如何时，他无法回答，众人皆笑，一阵唏嘘。

这个故事讽刺了那些言过其实、自相矛盾的人或现象，“夫不可陷之盾与无不可陷之矛，不可同世而立”，告诫人们说话办事要实事求是，不能违背事物的客观规律。

韩非子借此寓言，告诫世人：在追求真理与实效的道路上，实事求是、脚踏实地是不可或缺的品质。任何违背事物客观规律、夸夸其谈的行为，最终都将如那楚国人一般，陷入自相矛盾的尴尬境地，遭人嘲笑与唾弃。

心悟践行录

- 针对矛盾的两个方面，根据你的核心价值观分别列出其利弊，这有助于你更客观地评估情况，做出明智的决策。
- 在矛盾中，尝试寻找双方或多方面的共同点。这可以是一个共同的目标、价值观或利益。通过强调共同点，你可以更容易地找到解决问题的共识。
- 在处理矛盾时，不要局限于自己的视角和经验。尝试从多个渠道获取信息，包括书籍、网络、专家意见等，多元化的信息能帮助你更全面地了解问题。

- 当我们凶狠地对待这个世界时，这个世界突然变得温文尔雅了。

——余华

- 任何时候不要撕破脸，任何矛盾都不要做那个掀桌子的人。江湖路远，总会相见。

——毛姆

- 不打不相识，没有沟通就没有理解。

——佚名

情绪悦读坊

玉楼春

欧阳修

尊前拟把归期说，
未语春容先惨咽。
人生自是有情痴，
此恨不关风与月。

离歌且莫翻新阕，
一曲能教肠寸结。
直须看尽洛城花，
始共春风容易别。

同情是一个连接心灵的航道

- 同情是把两面有刃的利刀，不会使用的人最好别动手。

——茨威格

- 同情是善良心地所启发的一种感情的反映。

——孟德斯鸠

- 无论是朋友或是生人遭到了危险，我们都要大胆地承担下来，尽力帮助人家，根本不考虑自己要付出多大的代价。

——马克·吐温

- 同情是以极精细的差别为基础的，因此片面的同情比片面的知识要坏得多。

——佚名

名人轶事集

安吉丽娜·朱莉，这位好莱坞知名的女演员和导演，不仅以出色的演技赢得了观众的喜爱，更因她对弱势群体的关心和实际行动而广受尊敬。她通过自己的基金会“安吉丽娜·朱莉基金会”，积极投身于人道主义事业，特别关注战争和自然灾害中的儿童。

朱莉不仅仅是说说而已，她真的走到了那些需要帮助的孩子身边。

她亲自前往战乱地区，不仅捐款捐物，还建立了学校和医疗设施，给那里的孩子们提供医疗和教育上的支持。她深知，教育是改变命运的关键，健康是生活的基础。

朱莉的足迹遍布全球，她不受文化和国界的限制，尽力帮助每一个需要帮助的孩子。她的行动不仅改善了这些孩子的生活条件，还引起了全球对这些问题的关注。

朱莉的故事告诉我们，怀揣同情和爱心可以让我们走得更远、做得更多。她用自己的行动证明，每个人都有能力去改变世界，哪怕只是一点点。她鼓励我们，无论身在何处，都要尽自己所能去帮助那些需要帮助的人，让世界变得更加美好。

心悟践行录

- 主动倾听身边人的故事和经历，尤其是那些处于困境中的人。尝试站在他人的角度思考问题，理解他们的情感和需求。
- 回顾自己过去的经历，尤其是那些让你感到痛苦或困难的时刻。通过反思，你可以更加深刻地理解自己的情感需求，并学会将这种理解应用到他人身上。
- 参与动物保护志愿活动能增进对生命的尊重与同情，这种情感可延伸至人类，使你变得更加体贴善良。通过与动物互动，你学会珍视每个生命，进而以更宽容善良的态度对待他人。

- 这个世界真正美好的东西用眼睛是看不见的，只有用心才能看见。

——安托万·德·圣-埃克苏佩里

- 真正的同情，在忧愁的时候，不在快乐的期间。

——冰心

- 每逢你想要批评别人的时候，你就要记得这个世界上并不是人人拥有你的优越条件。

——弗朗西斯·斯科特·基·菲茨杰拉德

- 没有同情心的社会就像一片荒漠，缺乏生机和活力。

——佚名

情绪悦读坊

《世界上最远的距离》（节选）

泰戈尔

世界上最远的距离

不是树与树的距离

而是同根生长的树枝

却无法在风中相依

世界上最远的距离
不是树枝无法相依
而是相互了解的星星
却没有交汇的轨迹

世界上最远的距离
不是星星之间的轨迹
而是纵然轨迹交汇
却在转瞬间无处寻觅

世界上最远的距离
不是瞬间便无处寻觅
而是尚未相遇
便注定无法相聚

世界上最远的距离
是鱼与飞鸟的距离
一个在天
一个却在深潜海底

怀旧是一次次对过往岁月的回望

- 年少的我们像狂野的风暴一样自由，奔驰所到之处，天使也不敢靠近。

  ——罗伯特·麦卡蒙

- 从卖气球的人那里，每个孩子牵走一个心愿。

  ——北岛

- 人的一生有一个半童年，一个童年在自己小时候，而半个童年在自己孩子的小时候。

  ——余光中

- 也许我们谁也无法走出自己的童年。

  ——曹文轩

名人轶事集

国学大师季羡林，一位深情的游子，用笔尖描绘出故乡的轮廓，用心灵铭记着故土的温度。无论走到哪里，对故乡的深深怀念始终萦绕在他的心间，成为他作品中一抹难以抹去的温情色彩。

在《月是故乡明》中，他以简洁而深邃的文字，道出了每个人心中那份对故乡的独特情感："每个人都有个故乡，人人的故乡都有个月亮。人人都爱自己的故乡的月亮。事情大概就是这个样子。"这不仅仅是对自然景物的描绘，更是对故乡情感的一种升华。月亮，作为中国传统文化的象征，承载着无数游子的思乡之情，而在季羡林的笔下，它成了连接他与故乡的精神纽带。

回忆故乡的风土人情，季羡林如数家珍。那熟悉的乡音，那温暖的土炕，那田间劳作的背影，都在他的记忆中历历在目。怅望南天，心飞向故里。他怀念童年时在故乡度过的美好时光，那些无忧无虑的日子，如同夏日午后的微风，轻轻拂过心田，留下无尽的甜蜜与温馨。

心悟践行录

- 在你的家中创建一个专门用于展示怀旧物品的角落或空间。这可以是一个摆满旧照片、纪念品和家族传家宝的房间或书架。通过这个空间，你可以随时回顾那些美好的过去时光。
- 与家人一起制作一张详细的家族树，记录家族成员之间的关系和重大历史事件。这不仅能让你更加了解自己的家族历史，还能激发你对家族传承的自豪感和怀旧情感。
- 利用自己的艺术才华，创作一幅以怀旧为主题的画作、雕塑或其他艺术作品。你可以将过去的风景、人物或事件作为创作灵感，通过艺术手段表达出来。

- 用一个下午的时间看蚂蚁搬家，等石头开花，小时候不期待结果，小时候哭笑都不打折。

——马德

- 我已经演完了我的角色，现在只求默默无闻地生活，我想回到故乡的村寨，在童年时嬉戏玩耍的山坡上漫步。

——曼德拉

- 我默默地想、慢慢地写，看见冬阳下的骆驼队走过来，听见缓慢悦耳的铃声，童年重临于我的心头。

——林海音

情绪悦读坊

往昔的时光

罗伯特·彭斯

老朋友哪能遗忘，哪能不放在心上？

老朋友哪能遗忘，还有往昔的时光？

为了往昔的时光，老朋友，
为了往昔的时光，
再干一杯友情的酒，
为了往昔的时光。

你来痛饮一大杯，我也买酒来相陪。
干一杯友情的酒又何妨？
为了往昔的时光。

我们曾遨游山岗，到处将野花拜访。
但以后走上疲惫的旅程，逝去了往昔的时光！

我们曾赤脚过河流，水声笑语里将时间忘。
如今大海的怒涛把我们隔开，逝去了往昔的时光！

忠实的老友，伸出你的手，
让我们握手聚一堂。
再来痛饮一杯欢乐酒，为了往昔的时光！